Analog Electronic Circuit

学びやすい

アナログ
電子回路

―― 第2版 ――

二宮 保・小浜 輝彦 [共著]

JN098766

森北出版

第2版 まえがき

　初版を出版してから14年以上が経過した．幸いにも多くの大学などで教科書や参考書として採用されてきたので，当初の目的である「アナログ回路の重要性と楽しさを伝える」役目は少なからず達成できたと安堵している．この間，さまざまな電子機器やサービスのディジタル化が進み，アナログ回路の存在価値が問われているように思われる．しかしながら，ディジタル回路を含め電子回路で扱う電圧，電流，磁界といった量はすべてアナログであり，回路の本質的な働きを理解し，その性能を極めるにおいてアナログ回路の理解は不可欠であるといえる．

　今回の改訂に際して，以下の点に留意した．

1. 従来の章構成，流れを維持したまま，現状に合わせて不足部分を追加した．具体的には，トランジスタ増幅器（5章，6章），集積回路用電子回路（8章）の各章末に MOSFET を用いた回路を追記した．現在主流である MOSFET を用いた回路を従来のバイポーラトランジスタと比較することで，両者の働きと違いを明確にしている．なお，IC が主流である現在，5章，6章の増幅器を使用することは特殊用途を除いて少ないと思われるが，7章，8章のアナログ IC 内部を理解するにおいて不可欠な内容である．

2. 直流安定化電源（11章）のスイッチング電源の説明をより一般的でわかりやすい表現に改めた．

3. 回路記号を旧式から最新 JIS 規格に改めた．

4. 2色刷りとすることで重要箇所や注意事項を見落とすことなく学習が進められるよう配慮した．

5. 重要な専門用語については，文中に英語表記を追加し索引に加えた．これにより，英語の専門用語にいち早く慣れ，覚えることができる．

　以上の特徴によって，これまで本書を教科書として使用してきた先生方は，従来どおり安心して改訂版を使用でき，かつ新規部分を追加することができる．もちろん，個人利用も十分想定しており，演習問題の解答には自習の助けとなる解説が豊富に含まれている．引き続き，本書がアナログ回路学習者の一助となれば幸いである．

2021年8月

筆　者

まえがき

　電子回路という専門書の多くは電気回路の履修を前提とした内容構成であり，これまで電気回路を学んだことがない人やその理解が不十分と考える人にとって難解な専門科目の一つとなっている．これは，電子回路が半導体素子の開発・発展に伴って電気回路から分離・独立した教科であり，電気回路の延長線上の教科であると捉えられてきたからである．両科目の違いは回路に半導体を含むかどうかによると見てよいのだが，実社会では両者の区別は曖昧であり，もはや半導体を含まない回路は皆無といってよい．このため，はじめから電子回路を学びたいという要望は日々強まっているように感じる．実際に電子回路の学習に最低限必要な電気回路の知識は全体の一部にすぎないのでその点をしっかり押さえれば，はじめから電子回路を楽しめるのではないだろうか．

　このような状況に鑑み，本書ははじめて電子回路を学ぶ人を対象に電気回路の基礎知識を併せて一冊で学ぶことができるように配慮した．もちろん，すでに電気回路を学んでいる人にとっても内容の再確認に役立つはずである．電子回路は大きく分けてアナログ回路とディジタル回路に分かれるが，本書はセンサーや信号増幅など主としてアナログ波形を扱う回路について述べる．本書を理解するには，中学理科程度の電圧，電流の概念と高校数学程度の知識で十分である．便宜上複素数を扱うことが多いが，この理由については1章と付録に詳しく述べる．以下に本書の特長を簡潔に示す．

1. 電子回路の学習に不可欠な電気回路の重要事項を解説．
2. 電子回路を学習するうえで重要な考え方について解説．
3. 回路の働きがイメージしやすいように図を多く掲載し，式の導出を丁寧に行った．

　また，任意の章から学習可能なようにできるだけ章の独立性を維持する記述を心がけた．このため用語や説明が重複する箇所が出てくるが，重要事項と捉えていただきたい．

　本書を通じ，読者が電子回路のおもしろさに目覚めていただければ望外の喜びである．

　なお本書は，2007年4月に昭晃堂から出版されたが，読者の要望に応えるため森北出版より継続して発行することになったものである．本書が引き続き，電子回路を学ぶ方々の一助となれば幸いである．

2014年6月

二宮　　保

小浜　輝彦

目 次

1 電子回路の基礎

　電子回路はいわゆる電気回路に半導体素子を加えたものである．したがって，まずは電気回路の考え方が基本となる．このため本章では，前半に電気回路の基本事項を述べ，後半で電子回路を理解するための考え方について詳しく述べる．

1.1 電気回路の基本事項

　回路素子の中には，それが機能するために別途外部電源を必要とするものと不要なものがある．前者は小さな信号を使って素子に加わる電圧や電流を大きく制御することが可能であり，これを**能動素子** (active element) という．能動素子の電圧と電流の関係は，別の小さな信号によって大きく左右される．一方，後者は加えられた電圧と電流の関係がはっきりしていて，ほかの信号によって両者の関係が変わることはない．このような素子を**受動素子** (passive element) といい，本章で述べる抵抗，インダクタ，コンデンサが該当する．ここで，「電気回路」の定義を「受動素子と電源によって組まれた回路」とし，以下，本書で使用する．能動素子は半導体で構成されるので2章で詳述する．まずは，電気回路の構成要素と重要な定理，用語について詳しく述べる．

1.1.1 抵抗

　抵抗の記号を図 1.1 に示す．抵抗に限らず回路中の電流，電圧の表記方法には(a)と(b)の二つがある．ともに電流は矢印で表現するが，電圧に関しては(a)の＋－符号を使う場合と，(b)の矢印で表現する場合がある．本書では主に(b)の表記に従う．慣習として，電圧の名前は V もしくは E から，電流は I から始めるので，電圧の矢印を電流と間違えることはない．電圧の矢印は矢じりが(a)の＋に対応するように描く．

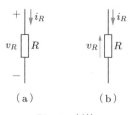

図 1.1　抵抗

ここで，抵抗 R の瞬時電流 i_R と瞬時電圧 v_R の関係は

$$v_R = R i_R \tag{1.1}$$

となる．R を**抵抗** (resistance) といい，その単位は Ω（オーム）である．この関係を**オームの法則** (Ohm's law) という．R は素子そのもの，またはその値を指す．任意の電圧を抵抗両端に加えると，これに比例した電流が流れる．逆に任意の電流を抵抗に流せば，これに比例した電圧波形を得る．たとえば，電流 i_R が

$$i_R = I_m \sin \omega t \tag{1.2}$$

ならば，電圧 v_R は

$$v_R = R I_m \sin \omega t \tag{1.3}$$

となり，電圧と電流は同位相となる．ここで，ω は角周波数，I_m は電流の振幅を示す．同じ電圧なら抵抗値が大きいほど電流は小さくなるので，抵抗は，電流を制限するために使用したり，図 1.2 のように直列に接続することで抵抗一つにかかる電圧を下げたり，図 1.3 のように電流を分流させたりする場合に利用する．また，抵抗で消費される電力 p は

$$p = v_R i_R = R i_R{}^2 = \frac{v_R{}^2}{R} \tag{1.4}$$

で示され，消費された電力は熱エネルギーとして失われる．ここで，電力とは単位時間に消費される電気エネルギーである．この現象を利用して，抵抗は電気ポットやドライヤーの加熱装置などに使われる．また，電流と電圧の波形が比例するので，電圧を電流に変換もしくはその逆変換をする際にも使用される．

図 1.2　電圧を下げる場合

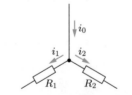

図 1.3　電流を分流する場合

本書では，増幅器や電源装置など入力電圧に何らかの処理を施して出力へ伝える回路を扱うが，出力側へ接続する装置を**負荷** (load) という．たとえば，オーディオアンプは音声信号を増幅してスピーカーに供給するので，オーディオアンプの負荷はスピーカーである．一般に負荷は電力を消費するので，これを等価的に抵抗で表現することが多く，この抵抗を**負荷抵抗**という．

1.1.2 インダクタ（コイル）

インダクタ（コイルともいう）の記号を図 1.4 に示す．瞬時電流 i_L，瞬時電圧 v_L の関係は

$$v_L = L \frac{di_L}{dt} \tag{1.5}$$

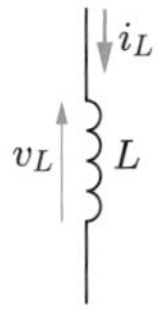

で表される．インダクタの値を**インダクタンス** (inductance) といい，単位は H（ヘンリー）である．L はインダクタ素子またはその値を指す．式 (1.5) から電圧は電流の微分波形となる．仮に電流 i_L が

図 1.4　**インダクタ**

$$i_L = I_m \sin \omega t \tag{1.6}$$

であった場合，電圧 v_L は

$$v_L = \omega L I_m \cos \omega t = \omega L I_m \sin\left(\omega t + \frac{\pi}{2}\right) \tag{1.7}$$

となる．

よって，電流の波を基準にすると，電圧の位相は $\pi/2$ 進む．逆に電圧を基準にすれば，電流は $\pi/2$ 遅れる．式 (1.7) から電圧の大きさは ωL に比例するので，電流振幅 I_m が同じであれば，ω と L が大きいほど電圧は大きくなる．また，インダクタにはエネルギーを蓄積する働きがあり，その蓄積エネルギーの大きさ W_L は，

$$W_L = \frac{1}{2} L i_L{}^2 \tag{1.8}$$

である．これから L が大きいほど，そして電流が大きいほど蓄積エネルギーが多いことがわかる．

また，別の見方をすれば，式 (1.5) は

$$\frac{di_L}{dt} = \frac{v_L}{L} \tag{1.9}$$

となり，電流の傾き（変化の速さ）は電圧 v_L に比例し，L に反比例する．これは，L が大きいほど電流変化が緩やかとなることを示しており，電流変動を抑制したい場合に使用される．一方，L の電流を急に遮断すると電流の傾きが急峻となるので，式 (1.5) から過大な電圧が発生する．この現象を利用して高電圧を発生させる用途にも使われる．

1.1.3 コンデンサ（キャパシタ）

図 1.5 に**コンデンサ（キャパシタ**ともいう）の記号を示す．平行電極間に誘電体を挟んだ構造で電荷を蓄積することができる．その瞬時電圧 v_C，電流 i_C の関係は，

$$i_C = C \frac{dv_C}{dt} \tag{1.10}$$

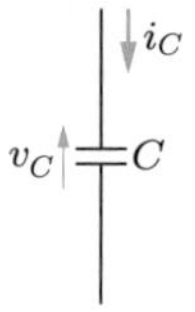

図 1.5　**コンデンサ**

で表される．C を**容量**または**キャパシタンス** (capacitance) といい，単位は F（**ファラッド**）である．

仮に電圧 v_C が

$$v_C = V_m \sin \omega t \tag{1.11}$$

であった場合，電流 i_C は次式となる．

$$i_C = \omega C V_m \cos \omega t = \omega C V_m \sin\left(\omega t + \frac{\pi}{2}\right) \tag{1.12}$$

ここで，V_m は電圧の振幅を示す．よって，正弦波電圧を加えると，電流は電圧に比べて位相が $\pi/2$ 進む．もしくは，電圧は電流に比べて $\pi/2$ 遅れるといえる．電流の大きさは電圧振幅 V_m が同じならば，ω と C の大きさに比例する．

また，コンデンサに蓄積されるエネルギー W_C は

$$W_C = \frac{1}{2} C v_C{}^2 \tag{1.13}$$

で表され，C が大きいほど，電圧 v_C が大きいほど多くのエネルギーを蓄えることができる．インダクタと違い，電流が 0 でもエネルギーを保持することができるので，コンデンサを回路から分離することができる．よって，電池と似た働きが可能で，メモリや内部時計などのバックアップ電源としても利用される．

1.1.4 トランス（変圧器）

トランス (transformer) は，磁性体に複数のコイルを巻いた構造で交流電圧・電流の変換に使われる．2 巻線の場合の記号を図 1.6 (a) に示す．この素子は，電磁誘導現象を利用し，1 次コイルの電流 i_1 で発生する磁束が 2 次コイルを貫くことで誘起電圧を発生させ，電力を 2 次側へ伝達する．ここで，1 次，2 次コイルの巻数をそれぞれ n_1，n_2 とすると，つぎの関係が得られる．

$$v_1 : v_2 = n_1 : n_2$$
$$v_2 = N v_1 \quad (\text{ただし，} \ N = n_2/n_1) \tag{1.14}$$

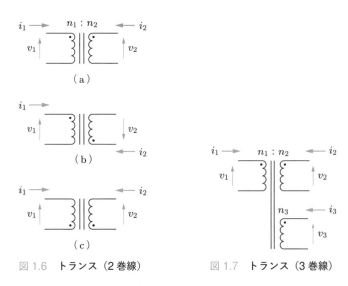

図 1.6 トランス（2 巻線）　　図 1.7 トランス（3 巻線）

ここで，トランスが理想的であった場合，**等アンペアターンの法則** (law of equal ampere-turns)

$$n_1 i_1 + n_2 i_2 = 0 \tag{1.15}$$

が成り立つので，

$$i_2 = -\frac{i_1}{N} \tag{1.16}$$

が得られる．式 (1.14)，(1.16) より，トランス巻数比を $1:N$ とすれば，1 次側の電圧は N 倍，電流は $1/N$ 倍されて 2 次側に伝わる．1 次と 2 次は構造上磁気結合しているだけで，電気的には絶縁されている．したがって，原理上磁束変化の起こらない直流は伝達することができない．よって，交流電圧・電流のレベル変換，回路の絶縁用途によく使用される．図 1.6（a）に描かれたドット（点）は，1 次，2 次間の電圧極性を示しており，たとえば 1 次側のドットの端子に ＋ の瞬時電圧を加えた場合，2 次側のドット側にも ＋ が現れることを意味している．このことから，図 1.6（b），（c）は（a）とまったく等価である．図 1.7 に 3 巻線のトランスを示す．この場合も考え方を拡張して，1 次，2 次，3 次の巻数比を $n_1 : n_2 : n_3$ とおけば，

$$v_1 : v_2 : v_3 = n_1 : n_2 : n_3 \tag{1.17}$$

$$n_1 i_1 + n_2 i_2 + n_3 i_3 = 0 \tag{1.18}$$

が成り立つ．

1.1.5 電圧源

図 1.8 に**電圧源** (voltage source) の記号を示す．いくつもの記号が存在するが，直流の場合は（a），交流の場合は（b）がよく使われる．ほかに任意電圧の記号に（c），（d）があるが，いずれも図で示された極性にそれぞれの電圧を発生する電源である．電圧源の特徴は，接続する回路素子や回路とは無関係に決められた電圧を頑なに維持することである．いい換えれば，どんな電流を流しても，電圧源の電圧は決められた値を保持し続ける．実際の乾電池などは，電流を流すと電圧が下がるので，これらと区別するために**理想電圧源**ということもある．本書に登場する電圧源はすべて理想電圧源である．電圧源は端子を開放しても問題ないが，短絡することは電圧源の電圧維持の働きと矛盾する行為なのでしてはならない．電子回路では，能動素子の動作に直流電圧源が不可欠である．

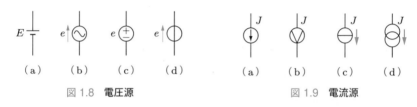

（a）　　（b）　　（c）　　（d）　　　　（a）　　（b）　　（c）　　（d）

図 1.8　**電圧源**　　　　　　　　図 1.9　**電流源**

1.1.6 電流源

図 1.9 に**電流源** (current source) の記号を示す．いくつもの記号が存在するが，どの記号も任意の電流源として使用することができる．本書では（a）を使う．電流源の特徴は決められた電流 J を流し続けることであり，これにどのような回路が接続されても頑なにその値を維持する．よって，電流源を短絡することは可能であるが，開放することはその働きと矛盾するのでしてはならない．実際の電流源は回路的に実現することがほとんどで，とくにアナログ集積回路では重要な役割を果たす．

1.1.7 キルヒホッフの法則

回路内部の電圧や電流の関係は，常に**キルヒホッフの法則** (Kirchhoff's law) に従うことが知られている．この法則には電圧則と電流則があり，それぞれの法則から回路方程式を立て電流や電圧を求める．

（1）キルヒホッフの電圧則

図 1.10 のように，n 個の回路素子からなる任意の閉ループについて，素子の電圧極性をすべて同じ回転方向に選んだとする．すると，それぞれの電圧の間には

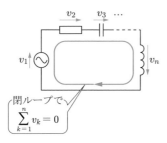

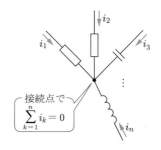

図 1.10 キルヒホッフの電圧則　　　図 1.11 キルヒホッフの電流則

$$\sum_{k=1}^{n} v_k = 0 \tag{1.19}$$

の関係が成り立つ．これを**キルヒホッフの電圧則**という．もし内部に電圧源がある場合，その電圧上昇分は必ずほかの回路素子により吸収され，一巡して電圧の変化をたどると必ず元の電位に戻る．これは，閉ループが複数存在する回路でも任意の閉ループについて常に成り立つ．

（2）キルヒホッフの電流則

図 1.11 のように任意の回路の接続点において，n 本の枝から流れ込む電流の関係は

$$\sum_{k=1}^{n} i_k = 0 \tag{1.20}$$

である．これを**キルヒホッフの電流則**という．ある枝から流れ込んだ電流は必ずどこかに出ることを意味し，接続点で電流がわき出たり，消滅することはない．

1.1.8　交流理論とインピーダンス

R, L, C に正弦波電圧を加えると，それぞれ式 (1.1)，(1.5)，(1.10) の関係で電流が流れる．いずれも電圧が 2 倍になると電流も 2 倍になるので，比例関係が成り立つ．また，各式より素子電圧と電流の振動周波数は一致することがわかる．このように電圧と電流が比例関係を維持する素子を**線形素子** (linear element) という．R, L, C は線形素子である．そして，線形素子と電圧源，電流源で組み合わされた回路を**線形回路** (linear circuit) という．線形回路も電源周波数と同じ周波数で各素子の電圧，電流が振動する．本書で定義した電気回路は線形な受動素子で組み合わされた回路であるから，「電気回路」＝「線形回路」と捉えてよい．

ではつぎに，線形回路の解き方について考える．図 1.12 に回路例を示す．ここで電流 i を求めることにしよう．キルヒホッフの電圧則から以下の関係を得る．

$$v_R + v_L = E_m \sin \omega t \qquad (1.21)$$
$$v_R = Ri \qquad (1.22)$$
$$v_L = L \frac{di}{dt} \qquad (1.23)$$

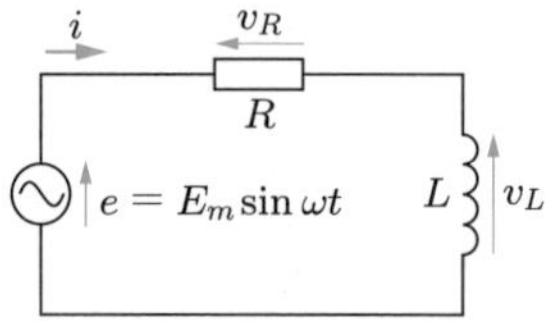

式 (1.22)，(1.23) を式 (1.21) に代入すると，

図 1.12　線形回路

$$Ri + L \frac{di}{dt} = E_m \sin \omega t \qquad (1.24)$$

が得られる．ここで，回路に流れる電流が同一周波数であることを考えると，

$$i = I_m \sin(\omega t - \theta) \qquad (1.25)$$

と表すことができるので，後は I_m と θ を求めればよい．

式 (1.25) を式 (1.24) に代入し整理すると，

$$I_m \{ R \sin(\omega t - \theta) + \omega L \cos(\omega t - \theta) \} = E_m \sin \omega t$$

となり，

$$I_m \sqrt{R^2 + (\omega L)^2} \sin(\omega t - \theta + \alpha) = E_m \sin \omega t \qquad (1.26)$$

となる．ただし，$\alpha = \tan^{-1}(\omega L / R)$ である．

ここで，式 (1.26) の両辺を比べることにより

$$I_m = \frac{E_m}{\sqrt{R^2 + (\omega L)^2}}, \qquad \theta = \alpha = \tan^{-1} \frac{\omega L}{R} \qquad (1.27)$$

となる．このように線形回路を瞬時電圧と電流の関係で求めようとすると，三角関数が頻繁に登場し，さらに微分方程式を解かねばならず，取り扱いが非常に煩雑となる．この計算を容易にするのがいまから述べる**交流理論**である．

交流理論とは，交流電源を含む線形回路の電流，電圧を複素数を使って簡潔に表現する手法である．線形回路ならば，回路素子の電圧と電流は必ず交流電源と同一周波数で振動するので，ω は既知である．このほかに波の振幅と位相情報の二つがわかれば，波形を再現することができる．図 1.12 において電流 i を知るには周波数 ω が既知であるので，振幅 I_m と電圧源の波形を基準とした位相差 θ がわかればよい．交流理論では，波の振幅と位相を矢印（ベクトル）の大きさと向き（角度）に対応させることで，煩雑な三角関数の計算を簡単なベクトル計算に置き換えることができる．ベクトルの表現方法として図 1.13 のように横軸に実数，縦軸に虚数の複素平面を考え，ベ

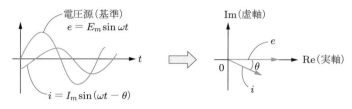

図 1.13 　交流のベクトル表現

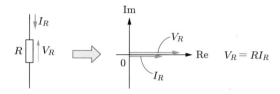

図 1.14 　抵抗における電流と電圧のベクトル表現

クトルを複素数で表現する．たとえば，抵抗における電流と電圧は式 (1.2)，(1.3) の
とおり同位相であり，この関係を複素平面に図示すると図 1.14 となる．

　ここで，電流ベクトルを I_R，電圧ベクトルを V_R とすれば，

$$V_R = RI_R \tag{1.28}$$

と表される．注意しなければならないのは，式 (1.1) との違いである．式 (1.1) は瞬時
電圧，電流の関係であり，v_R，i_R はそれぞれ時間関数である．一方の式 (1.28) は交
流電圧，電流を複素数を使ってベクトル表現しており，波の位相と振幅情報しか含ま
ない．すなわち，I_R，V_R はもはや時間関数ではなく，一般に ω を含んだ複素数であ
る．この両者を区別するために今後，瞬時値を小文字，ベクトルを大文字で表すこと
にする．

　インダクタ L に関しては，式 (1.6)，(1.7) が示すように電圧は電流に比べ位相が $\pi/2$
進むので，ベクトルは図 1.15 となる．$\pi/2$ の進みは，複素平面上では電流ベクトル
I_L に虚数単位 $j\,(=\sqrt{-1})$ を掛けるのに等しく，また，電圧振幅が ω に比例すること
を考慮して，

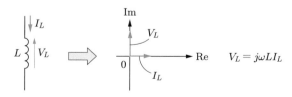

図 1.15 　インダクタにおける電流と電圧のベクトル表現

$$V_L = j\omega L I_L \tag{1.29}$$

と表現できる.

コンデンサ C についても，式 (1.11)，(1.12) から，電圧ベクトル V_C は電流ベクトル I_C に対して位相が $\pi/2$ 遅れた図 1.16 の関係となる．V_C の $\pi/2$ 遅れは複素平面上では j で割ることに等しく，振幅が ω に反比例することを併せて考慮すると，

$$V_C = \frac{1}{j\omega C} I_C \tag{1.30}$$

となる.

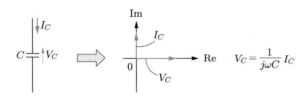

図 1.16　**コンデンサにおける電流と電圧のベクトル表現**

式 (1.28)〜(1.30) はいずれも電圧と電流が比例関係にあり，複素数であってもオームの法則を満足する．交流回路では R，L，C の大きさおよび ω によって電流の流れにくさが変わるが，この流れにくさを**インピーダンス** (impedance) といい，複素数またはその大きさで表す．R，L，C のインピーダンスは式 (1.28)〜(1.30) で明らかなように，それぞれ R，$j\omega L$，$1/(j\omega C)$ である．

今後，交流電源を含む線形回路について考える場合，先の三角関数（時間関数）で表現する瞬時値計算はほとんどしない．その代わり以下のようにする.

1. 各部電圧，電流波形を複素数を使ったベクトル表現に置き換える.
2. 線形素子 R，L，C の値もそれぞれインピーダンス R，$j\omega L$，$1/(j\omega C)$ で表す.

これらの作業を行ってから回路方程式を立てて解く．すると，これまで大変だった計算が非常に簡単になる.

この違いを実感するために，あらためて図 1.12 の回路の電流を交流理論を使って求めてみる.

まず，回路中の電圧，電流をベクトルと考え，図 1.17 の記号で表す．ここで，R，L もインピーダンスと考えて回路方程式を立てる．すると，キルヒホッフの電圧則より，

$$E = V_R + V_L \tag{1.31}$$
$$V_R = RI \tag{1.32}$$
$$V_L = j\omega L I \tag{1.33}$$

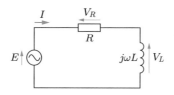

図 1.17 交流理論の回路表現

となる. 式 (1.32), (1.33) を式 (1.31) へ代入し整理すると,

$$I = \frac{E}{R + j\omega L} \tag{1.34}$$

となり, いとも簡単に電流が求められる. 先の計算結果, 式 (1.27) と比較するために, 式 (1.34) から電流振幅 I_m と電流の位相遅れ θ を求める.

I_m はベクトル I の絶対値を取ればよいので,

$$I_m = |I| = \left| \frac{E}{R + j\omega L} \right| = \frac{E_m}{\sqrt{R^2 + (\omega L)^2}} \tag{1.35}$$

となる. また, θ は式 (1.34) から

$$\theta = \tan^{-1} \frac{\omega L}{R} \tag{1.36}$$

となり, 完全に瞬時値で計算した値と一致する.

このように交流理論を用いれば, 交流回路の計算が複素数の四則演算で求めることができ, 取り扱いが非常に楽になる. したがって, 今後交流計算をする場合は, 交流理論を前提としたベクトルで考える. なお, 式 (1.35), (1.36) の導出には複素数とベクトルの関係を理解しておく必要がある. これについては付録に詳述したので参考にしてほしい.

交流理論で注意すべき点は, 電流と電圧はもはや時間関数ではなく, 複素数 (ベクトル) であり, 角周波数 ω の関数となっていることである. 時間関数とならないのは, 電源の振動周波数と各素子の振動周波数が一致することが自明な線形回路では, 振幅と位相情報だけをベクトルとして抽出し, 取り扱うからである.

1.1.9 実効値

たとえば, 抵抗 R に電圧を加えて熱を発生させることを考える. 図 1.18 (a) のように直流電圧源 V_{DC} を使った場合, **消費電力** P_{DC} は,

$$P_{DC} = \frac{V_{DC}{}^2}{R} \tag{1.37}$$

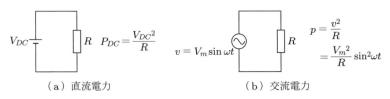

（a）直流電力 　　　　　　　　　　　（b）交流電力

図 1.18 　直流電力と交流電力

となり，これがすべて熱エネルギーとなる．

　一方，図 1.18（b）のように交流電圧で発熱させた場合，**瞬時電力** $p(t)$ は，

$$p(t) = \frac{v(t)^2}{R} = \frac{V_m{}^2}{R} \sin^2 \omega t \tag{1.38}$$

となる．これを 1 周期 $T = 2\pi/\omega$ で平均した電力 P_{AC} を求めると，

$$P_{AC} = \frac{1}{T} \int_0^T p(t)\,dt = \frac{V_m{}^2}{TR} \int_0^T \sin^2 \omega t\,dt = \frac{V_m{}^2}{2R} \tag{1.39}$$

となる．**平均電力** P_{AC} は角周波数 ω と無関係である．ここで式 (1.37) と (1.39) を比較する．仮に交流電圧の振幅 V_m が V_{DC} であったとする．すると $P_{AC} = P_{DC}/2$ となり，交流電源が直流電源に比べて半分の電力しか供給しないことになる．これではとても同じ働きをするとはいえない．そのため，交流電圧の「強さ」を振幅 V_m で表現するにはいささか問題である．そこで，直流電源と実効的に等しい働きをする交流電圧を考える．P_{AC} は次式のように変形できる．

$$P_{AC} = \frac{V_m{}^2}{2R} = \frac{(V_m/\sqrt{2})^2}{R} = \frac{V_{rms}{}^2}{R} \tag{1.40}$$

ここで，

$$V_{rms} = \frac{V_m}{\sqrt{2}} \tag{1.41}$$

である．

　$P_{AC} = P_{DC}$ であるためには，式 (1.37), (1.40) を比較すると，$V_{rms} = V_{DC}$ であればよい．こうすると，消費電力の表現も一致するので何かと都合がよい．そこで，交流電圧の強さを V_{rms} で表し，これを**実効値** (root-mean-square value) という．

　正弦波に限らず任意の交流電圧 $v(t)$ に対して，実効値 V_{rms} は次式で定義される．

$$V_{rms} = \sqrt{\frac{1}{T} \int_0^T v(t)^2\,dt} \tag{1.42}$$

　一般に，交流電圧といえば正弦波を示すので，その振幅 V_m を $\sqrt{2}$ で割った値が実効値となる．たとえば，振幅 100 V の正弦波電圧は実効値が $100/\sqrt{2}$ V であり，実効値

100 V の正弦波振幅は $100\sqrt{2}$ V であることに注意したい．交流理論では，波の強さをベクトルの長さで表すが，今後断らない限り，その強さは実効値で表すことにする．

1.1.10　重ね合わせの定理

複数電源を含む線形回路で各素子の電圧と電流を求める場合，回路方程式を立てて解く作業はその規模が大きくなるにつれ煩雑となる．このような場合，つぎの**重ね合わせの定理**で考えると，比較的すっきりと見通しよく求めることができる．

> **重ね合わせの定理**
>
> 複数の電源を含む線形回路において，任意の素子の電圧と電流は一つの電源を残し，ほかの電源をゼロとした状態で得られる結果を重ね合わせることで得られる．ここでのゼロとは，電圧源に対しては電圧値を 0 にすることであり，電圧源を取り除き短絡することを意味する．また，電流源に対しては電流値を 0 にすることであり，これは電流源を取り払い，その枝を開放することに等しい．

具体例として図 1.19 の回路について考える．この回路は三つの電源と線形素子からなる線形回路である．ここで抵抗 R_3 に流れる電流 I を求めてみる．

（ⅰ）まず電流源 J を残し，ほかの電源を $E_1 = E_2 = 0$ とする．このときの回路は図 1.20（a）となるので，このとき R_3 に流れる電流を I_1 とすると，

$$I_1 = \frac{R_1 J}{R_1 + R_3} \tag{1.43}$$

となる．

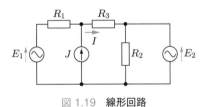

図 1.19　線形回路

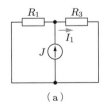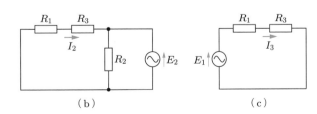

図 1.20　重ね合わせの定理を用いた解法

(ii) つぎに E_2 を残し，ほかの電源を $E_1 = J = 0$ とする．このときの回路は図 1.20 （b）となるから，このときの抵抗 R_3 に流れる電流 I_2 はつぎのようになる．

$$I_2 = -\frac{E_2}{R_1 + R_3} \tag{1.44}$$

(iii) 最後に E_1 を残し，ほかの電源を $E_2 = J = 0$ とする．このときの回路は図 1.20 （c）となるので，このときの抵抗 R_3 に流れる電流 I_3 はつぎのようになる．

$$I_3 = \frac{E_1}{R_1 + R_3} \tag{1.45}$$

したがって，R_3 に流れる電流 I は（i）〜（iii）の結果を重ね合わせて，

$$I = I_1 + I_2 + I_3 = \frac{R_1 J + E_1 - E_2}{R_1 + R_3} \tag{1.46}$$

となる．この例は回路規模が小さいため，定理の利便性をあまり感じられなかったかもしれないが，規模が大きくなるとその効果は絶大である．この手法は各電源の影響を分離して考えることができるので，思考が単純化され，回路の見通しがよくなる．このため，回路設計や動作理解に必要な勘を養うことができる．

1.1.11　テブナンの定理

　図 1.21 の左側に示すようにある任意の線形回路を考える．この回路から任意の 2 点を選び，そこに端子を接続し，ここから回路全体を見た場合，この電気特性はある理想電圧源 E_o とあるインピーダンス Z_o の直列接続と等価である．これを**テブナンの定理** (Thévenin's theorem) という．ここで，E_o は端子を開放した際の端子間電圧に対応し，Z_o は回路内の電源をすべてゼロ（電圧源は電圧値を 0，電流源は電流値を 0）とした状態で 2 端子から回路を見た場合の合成インピーダンスに対応する．図 1.22 を例に考えてみる．同図（a）の回路はテブナンの定理により（b）に変換できる．この場合，E_o は端子 a，b を開放したときの電圧であるから

$$E_o = \frac{R_1}{R_1 + R_2} E \tag{1.47}$$

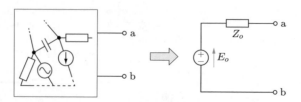

図 1.21　**テブナンの定理**

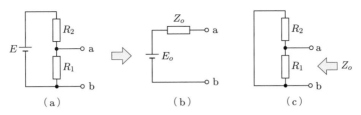

図 1.22 テブナンの定理を使った等価変換

である．また，Z_o は $E = 0$ としたとき，2 端子から見た合成インピーダンスであり，図 1.22 (c) となるので

$$Z_o = R_1 /\!/ R_2 = \frac{R_1 R_2}{R_1 + R_2} \tag{1.48}$$

が得られる．ここで，記号 $/\!/$ はインピーダンスの並列合成を表す．

1.2 電子回路の見方・考え方

　ここまで，電気回路の重要事項について説明してきた．電気回路は主に線形回路を対象とするので，重ね合わせの定理やテブナンの定理が活用でき，比較的容易に扱うことができる．これに対し電子回路では，線形素子に加えて半導体素子が含まれる．やっかいなのは半導体素子の特性が線形でないことである．電圧・電流の関係が比例でない素子を**非線形素子** (nonlinear element) といい，非線形素子が一つでも加えられた回路はもはや比例関係が成立しない**非線形回路** (nonlinear circuit) となる．

　このため，電子回路では，線形回路で考えてきた，交流理論，重ね合わせの定理，テブナンの定理などがそのままでは利用できない深刻な事態となる．したがって，これまでの電気回路とは違った捉え方が必要となる．ここでは，その基本的な見方と考え方について述べる．

1.2.1 線形と非線形

　ここで，もう一度，線形と非線形について述べる．たとえば，図 1.23 のようにある変換装置 f があったとする．これに x を入力し y が出力されるとすれば，内部の変換作業を記号 f を用いて $y = f(x)$ と表すことができる．数学では $f(x)$ を関数とよぶが，これは特別な表現ではなく，さまざまな分野の現象や関係を表すことができる．たとえば，抵抗 R に流れる電流を x，電圧を y とすれば，f は抵抗の電圧・電流特性を示すこととなり，

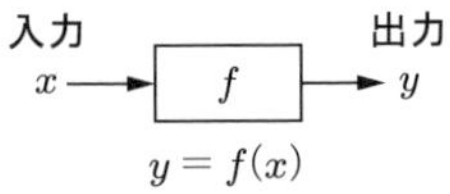

入力　$x \longrightarrow$ $\boxed{f}$ $\longrightarrow y$　出力

$y = f(x)$

図 1.23　変換装置

$$y = f(x) \ \rightarrow \ y = Rx \qquad\qquad (1.49)$$

となる．この関係をグラフ化すると図 1.24 となる．ここで，

$$x = x_1 \quad \text{のとき} \quad y_1 = Rx_1$$
$$x = x_2 \quad \text{のとき} \quad y_2 = Rx_2$$

であるならば，$x = x_1 + x_2$ を入力した際の出力 y_3 はどうなるであろうか．この場合，$x = x_1 + x_2$ に対して

$$y_3 = f(x_1 + x_2) = R(x_1 + x_2) = Rx_1 + Rx_2 = y_1 + y_2 \qquad (1.50)$$

となる．この結果はとても重要なことを意味する．すなわち，入力 $x_1 + x_2$ に対する出力は x_1，x_2 を個別に入力した際の出力結果 y_1 および y_2 を合成することによって得ることができる．つまり，入力信号を合成したときの出力結果は，それぞれの入力が単独で入って出力されたときの出力結果を個別に求め，最後に合成すればよいことを意味しており，これがまさに**重ね合わせの定理**である．

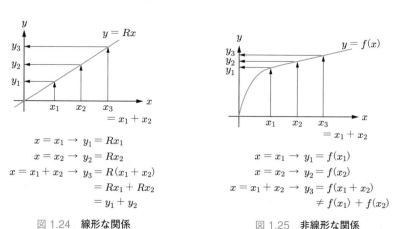

図 1.24　線形な関係　　　　　　図 1.25　非線形な関係

　一方，変換装置の特性が図 1.25 の関係で表されたとしよう．すると，$x = x_1 + x_2$ の入力に対する出力は個別に求めた値の合成とは一致しないことは明白である．この場合，x と y は**非線形な関係**であるといい，結果を重ね合わせで求めることができなくなる．このような非線形特性を有する回路素子を**非線形素子**といい，残念ながら重ね合わせの定理が適用できない．線形素子と非線形素子の区別は，特性曲線が図 1.24 のように直線となるか，図 1.25 のように曲線となるかで識別することができる．

　つぎに，交流回路に非線形素子が含まれた場合を考えてみる．たとえば，図 1.25 の特性をもった非線形素子に正弦波の電流 x を流したとしても，出力電圧 y は正弦波と

は違った歪んだ波形となり，一つの三角関数で表現することができない．このため交流理論に必要な「同一周波数で正弦波状に振動する」という前提が崩れるので，非線形回路に交流理論を当てはめることができない．これは，かなり深刻な問題である．

電子回路で登場する半導体素子は，2 章で詳しく述べるが，その特性が残念ながら非線形であり，真っ正面から取り組もうとすると，多大な労力を必要とすることは明白である．したがって，線形回路のみを扱う電気回路とはまた違った工夫が必要である．この意味で電気回路より学習が困難と思われるきらいがあるが，以下に述べる独自の考え方や表現方法を理解して取り組めば，なんら困難なものではなく，むしろ線形回路がこれまで成し得なかったさまざまな機能をもった回路を実現することができる．これこそが電子回路最大の魅力といえる．

1.2.2 近似

非線形回路をそのまま扱うのは大変だが，全体特性の狭い範囲に限定してみると線形とみなすことが可能である．たとえば，自分の住む町の地図を考えてみよう．地球という球体の表面に町が存在することを厳密に考えるなら，地図は平面でなくわずかに湾曲した曲面に描かれなければならない．しかし，そのようなことをする者は誰もいない．それは，実用上平面地図でなんら問題がないと知っているからである．実際，日常生活の中で地球が丸いことを実感できることはほとんどなく，平面と認識している．これを，地球が丸いからといってことさら球面にこだわり厳密計算を行っても，得られる結果に大差はなく，費やされた多大な労力が無に帰すことは明らかであろう．このように，厳密に考えれば取り扱いが大変なものを実用的な範囲で我々が扱いやすい形に簡素化することを**近似**という．電子回路は主に非線形回路を扱う実用的専門科目であり，設計や見通しを容易にするため，実用上支障ない範囲で近似を多用する．一方の電気回路は線形回路のみ扱うので，近似の発想はほとんどなかったはずである．この点が半導体回路を扱ううえで大切な見方である．

近似には主に二つある．一つは，地図のたとえのように曲線（非線形）特性の一部の狭い範囲を直線化（線形化）する方法である．もう一つは，全体の非線形特性を複数の直線で組み合わせて表現する方法である．半導体の近似については 3 章以降で別途説明する．

1.2.3 等価回路

実際の回路に対して，機能的に等価な回路を**等価回路** (equivalent circuit) という．たとえばテブナンの定理を使って導出した図 1.22（b）は，出力端子のみに着目すると図 1.22（a）とまったく同じ振る舞いをするので等価回路である．

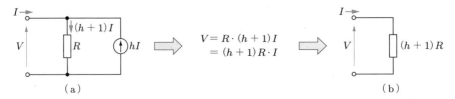

図 1.26　等価回路の一例

　また，図 1.26（a）の回路について考える．電流源が含まれているが，ここでは端子電流 I に比例した電流を流す可変電流源である．すると，端子間の電圧 V は，

$$V = R \cdot (h+1)I$$
$$= (h+1)R \cdot I \tag{1.51}$$

と表現される．ここで，$(h+1)$ はただの比例係数であるから，これを電流源から抵抗側に移動させると，図 1.26（b）のように $(h+1)R$ の抵抗ただ一つを含む回路とみなすことができ，表現を簡素化することができる．この場合の等価とは，左側の入力端子の電圧 V と電流 I の関係を考えると，（a）と（b）はまったく同じ働きをすることである．

　また，1.2.2 項の近似を用いることで，たとえば図 1.27（a）の非線形特性を区分けして図 1.27（b）の折れ線特性に変換することができる．このときの線形特性を示す回路を**線形等価回路**という．また，どんなに曲がった非線形特性も微小区間では直線と近似することができる．この発想で得られる線形回路を**小信号等価回路**という．いずれにせよ，等価回路を扱うにはどんな意味で等価であるのか，その制約条件を明確にして扱わなければならない．

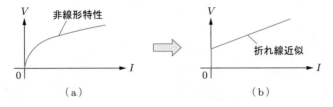

図 1.27　曲線の折れ線近似

1.2.4　直流成分と交流成分の分離

　電子回路では，電気信号を直流成分と交流成分に分離して考えることが多い．たとえば，交流信号を半導体素子を用いた非線形回路で増幅する場合，まず，回路に直流電流を流した状態を作り，これに交流信号を重畳させる．交流信号の変化の中心点は直流成分であるので，電子回路の直流電流，直流電圧を**動作点**または**バイアス**という．

一般に，バイアスを決定する際には非線形特性を考慮しなければならないのに対して，交流成分は信号が小さいと考えると線形回路で近似して考えることができ，両者の見方や扱いが違ってくる．このため，一つの回路に対して直流的な働きと交流的な働きを区別して考えることが多い．

たとえば，図 1.28（a）には，抵抗とコンデンサが並列接続されている．これを素直に考えると R と C の並列合成インピーダンスであるが，電子回路では近似を使って直流と交流で見方を大きく変える．ここで，C の容量は無限大であると仮定しているので，交流信号に対しては C のインピーダンスは十分小さく短絡とみなすことができ，この結果図 1.28（b）と見ることができる．一方，直流に対しては，C のインピーダンスは無限大で開放とみなせるので，結局図 1.28（c）のように抵抗 R のみとみなせる．このように，直流と交流に分けて回路を見る発想は電気回路になかったものである．

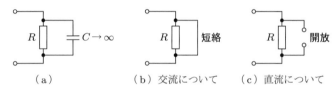

（a）　　　　　　（b）交流について　　（c）直流について

図 1.28　成分に分離した回路表現

1.2.5　デシベル（dB）

信号の強さまたは増幅器の増幅率の大きさを示すのにデシベル（dB）が使われる．定義は，

$$10 \log_{10} \frac{P}{P_r} \ [\mathrm{dB}] \tag{1.52}$$

であり，P_r は基準となる電力，P は比較したい電力である．

デシベルはもともと電力比で定義されているが，電圧や電流比に当てはめたい場合，P_r と P を仮想抵抗 R で消費される電力と仮定すると，

$$P_r = R I_r{}^2 = \frac{V_r{}^2}{R}$$
$$P = R I^2 = \frac{V^2}{R} \tag{1.53}$$

となる．これを式 (1.52) に代入すると，

$$10 \log_{10} \frac{P}{P_r} = 20 \log_{10} \frac{V}{V_r} = 20 \log_{10} \frac{I}{I_r} \ [\mathrm{dB}] \tag{1.54}$$

が得られる．電圧比，電流比の計算には式 (1.54) が使用される．

たとえば，ある電圧増幅器において増幅率が 10 倍とすれば，入力電圧を V_r，出力電圧を V として，

$$20 \log_{10} \frac{V}{V_r} = 20 \log_{10} 10 = 20 \ [\mathrm{dB}] \tag{1.55}$$

となる．以下，表 1.1 に主な電圧比 (V/V_r) とデシベル（dB）の一覧を示す．

デシベルは計算に log が使われるので直観的にわかりにくく感じられるが，広範囲の量を示したり，増幅器の多段接続や制御系の設計の際に便利なため，頻繁に使用される．本書では，増幅器の利得を示す際に使用する．

表 1.1　主な電圧比とデシベル

電圧比 (V/V_r)	デシベル [dB]	電圧比 (V/V_r)	デシベル [dB]	電圧比 (V/V_r)	デシベル [dB]
1　　$(= 10^0)$	0	0.1　　$(= 10^{-1})$	-20	$\sqrt{2}$　　$(= 2^{\frac{1}{2}})$	$+3$
10　　$(= 10^1)$	$+20$	0.01　　$(= 10^{-2})$	-40	$1/\sqrt{2}\ (= 2^{-\frac{1}{2}})$	-3
100　　$(= 10^2)$	$+40$	0.001 $(= 10^{-3})$	-60		
1000 $(= 10^3)$	$+60$				

1.2.6　直流電圧源の表記

たとえば図 1.29（a）の直流電圧源の表現は，（b）の記号で表す．この理由は，電子回路では直流電源を多用するので，すべてを電源記号と配線で表現すると煩雑になり，見通しが悪くなるからである．このため，回路の最も低い電位を**グランド（GND）**とし，ここを電位の基準 0 V と考える．1 本の端子に $+V_{CC}$ と書かれているときは，直流電圧源 V_{CC} がグランドと端子間に接続されているとみなす．電源に限らず電圧信号も，1 本の端子に V_o などの記号をつけて電位を表現することが多い．端子が電圧源であるか信号であるかの明確な区別がないので回路図から判断するしかないが，電圧源の場合，$+V_{CC}$，$-V_{EE}$，$+5\,\mathrm{V}$，$-12\,\mathrm{V}$ など限定された記号や符号をつける慣習があるので混乱することはない．

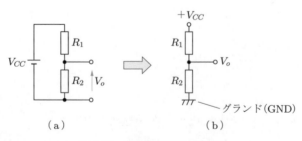

図 1.29　直流電圧源と電圧表記

演習問題

1.1 図 1.30（a）の回路を（b）に変換したい．このときの Z を求めよ．

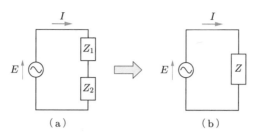

図 1.30

1.2 図 1.31（a）の回路を（b）に変換したい．このときの Z を求めよ．

1.3 交流理論を用いて図 1.32 の回路に流れる電流 I を求めよ．

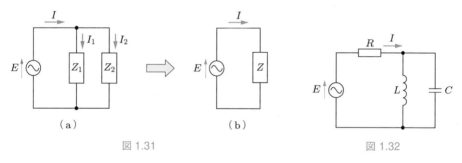

図 1.31

図 1.32

1.4 図 1.33 において電流 I の大きさ $|I|$ と，電圧 E を基準とした位相角 θ を求めよ．

1.5 図 1.34（a），（b）において出力電圧 V_o をそれぞれ求めよ．

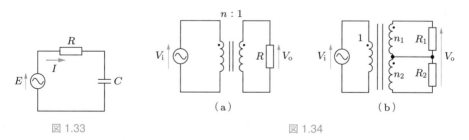

図 1.33

図 1.34

1.6 図 1.35（a）の回路を（b）に変換したい．このときの Z を求めよ．

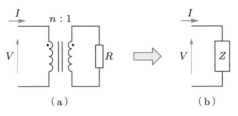

図 1.35

1.7 図 1.36 に示した各波形の実効値を求めよ．

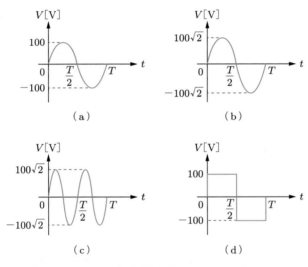

図 1.36

1.8 図 1.37 において電流 I を重ね合わせの定理を使って求めよ．

1.9 図 1.38 において端子 a，b から見た回路をテブナンの定理を使って簡略化せよ．

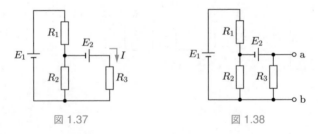

図 1.37　　　　　　　　図 1.38

1.10 図 1.39 において各特性を線形か非線形に分類せよ.

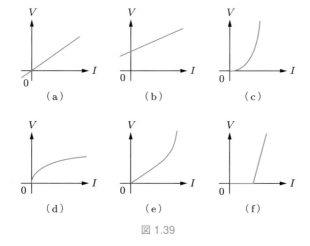

図 1.39

1.11 図 1.40 の回路について直流成分で見た場合と交流成分で見た場合の等価回路をそれぞれ描け.

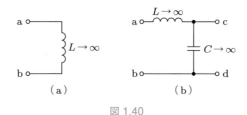

図 1.40

1.12 以下の電圧増幅率 $A_V = V_o/V_i$ をデシベルに直せ.
（a）50　（b）200　（c）10000

1.13 図 1.41 のように電圧増幅器を多段接続したときの全増幅率 V_o/V_i をデシベルで表せ. ただし, $A_{V1} = 10\,\mathrm{dB}$, $A_{V2} = 40\,\mathrm{dB}$, $A_{V3} = 3\,\mathrm{dB}$ とし, 増幅器の接続によって信号の減衰は起こらないものとする.

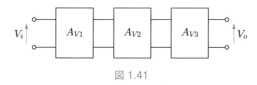

図 1.41

2 半導体素子

電子回路では，トランジスタやダイオードといった半導体素子が重要な役割を果たす．本章では，半導体とこれを基に作られる各種半導体素子（ダイオード，トランジスタ，FET）の構造と働きについて述べる．

2.1 半導体

物質は，電気の通りやすさによって**導体** (conductor) と**絶縁体** (insulator) に分けることができる．それぞれの意味は，

- 導　体：電気をよく通す低抵抗の物質（銅，鉄，アルミなど）
- 絶縁体：電気をほとんど通さない物質（空気，セラミック，プラスチック，ガラスなど）

である．

導体は電子回路の電流経路を確保するために不可欠な存在である．一方，絶縁体も回路の電気的ショートや漏電，感電の防止と装置の安定動作のために重要な物質である．両者を適切に組み合わせることによってはじめて回路は機能する．

半導体 (semiconductor) とは，字のごとく導体の性質を「半分」備えた物質である．しかし，これは単に抵抗値が導体と絶縁体の中間値であるという意味ではなく，作り方や使い方によって電気伝導性が大きく変化し，どちらか一方に分類することができない特殊な導体と捉えるべきである．半導体は自然界に存在しない人工物質であり，ゆえにその作り方によってさまざまな顔を私たちに見せてくれる．

半導体は主に 2 種類あり，それぞれ **n 形半導体**，**p 形半導体**とよばれる．以下，その詳細について述べる．

2.1.1 n 形半導体

半導体の代表例としてシリコン（Si）の結晶を用いた半導体を説明する．シリコン原子は図 2.1 (a) のように原子核の外側に 14 個の電子をもつが，そのうち最外殻の軌道には 4 個の電子があり，これを**価電子** (valence electron) という．物質の性質は価電子数でほぼ決まるため，この数でグループ分けしたものを族といい，族を並べた一覧

| （a）シリコン原子 | （b）簡略化記号 | （c）共有結合（結晶） |

図 2.1　**シリコン原子と共有結合**

表が化学の周期表である．たとえば 3 個の価電子をもつグループを III 族とよぶ．価電子以外の電子は物質の性質にほとんど影響を与えず，今後の説明に不要なため，シリコン原子を図 2.1（b）の記号で簡素化する．シリコンは価電子 4 個の IV 族原子であるが，一般に原子は価電子 8 個の状態でエネルギー的に安定する．このため，結晶を作る際に図 2.1（c）のように周りの原子 4 個と価電子を共有することで，見かけ上 8 個の価電子を所有する安定した状態を作る．この状態を**共有結合**という．各種の半導体素子はこのシリコン結晶を基に作られる．

　図 2.2 に n 形半導体の模式図を示す．通常シリコン結晶は電流をほとんど流さない絶縁体に近いが，結晶成長過程で V 族の元素，たとえばリン（P）などの不純物を微量混ぜると，これが結晶に取り込まれる．その際，周りのシリコンとの共有結合により，リンの価電子は 1 個過剰となり，その電子が周りの共有結合の束縛から解放され外部電界により自由に移動する**自由電子**（free electron）となる．このように自由電子を提供する不純物を**ドナー**（donor）とよぶ．したがって，不純物の数だけ自由電子があり，これが電流の源となる．半導体は不純物の注入量で電気伝導性を調整することができる．このように，電流の源となる電荷の運び屋を**キャリア**（carrier）とよび，キャリアが自由電子の半導体を **n 形半導体**とよぶ．ここで注意したい

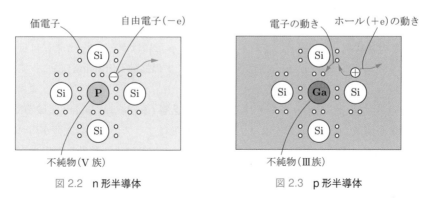

| 図 2.2　**n 形半導体** | 図 2.3　**p 形半導体** |

のは，結晶内の正負の電荷バランスは保たれていることである．したがって，自由電子が不純物原子付近から離れると，原子核付近では −e の電荷を失うことになるので，その結果，正（+e）の電荷が見かけ上浮かび上がる．ただし，この電荷は移動できないことに注意したい．n 形の n は negative（負）のキャリアをもつことに由来する．

2.1.2　p 形半導体

つぎに，図 2.3 に p 形半導体の模式図を示す．不純物として III 族の元素，たとえばガリウム（Ga）を微量混ぜてシリコン結晶を成長させることを考える．この場合，不純物原子核周辺の価電子は 7 個であり，少しエネルギー的に不安定な状態となるが，やがて周辺の電子が入り込み 8 個となる．このように電子を受け入れる不純物を**アクセプタ**（acceptor）という．すると，入り込んだ電子の元の位置には電子の抜け穴ができるが，その電荷は見かけ上正（+e）であることから**正孔**または**ホール**（hole）といわれる．ホールは再び付近の電子が入り込むと消滅するが，同時に新たに発生するため，外部電界によって見かけ上移動することができる．このように，キャリアがホールの半導体を **p 形半導体**という．p 形半導体では不純物の数だけ正孔が存在し，電流に寄与する．注意すべき点は，不純物混入時，原子核と電子の電荷バランスは保たれているので，価電子が 8 個となった不純物原子付近では見かけ上，負（−e）の電荷が現れることである．これは移動しない．p 形の p は positive（正）のキャリアをもつことに由来する．

2.2　ダイオード

半導体には p 形と n 形があることがわかった．では，つぎに二つの半導体を接合した場合どうなるであろうか．図 2.4 に p 形半導体と n 形半導体を接合し，両端に電極を接続した模式図を示す．ここで大きな丸で描いた電荷は不純物原子付近の電荷を示し，小さな丸はキャリアを表している．それぞれ p 形にはホールが，n 形には自由電子のキャリアが存在するが，接合面付近ではキャリアの**拡散**（diffusion）によって相手の領域に侵入し，ホールと電子が結合してキャリアが消滅する現象が起こる．よって，接合面付近では図 2.5 のようにキャリアのない**空乏層**（depletion layer）領域ができる．キャリアが消滅すると，p 形ではマイナス，n 形ではプラスの不動の電荷が現れ，これが半導体内部で電界を作る．この電界はキャリアの拡散による移動を阻止する向きに働くため，最終的には拡散による移動量と内部電界により引き戻される量が平衡するところで落ち着く．

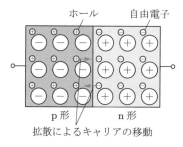

図 2.4 pn 接合

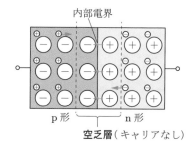

図 2.5 空乏層

つぎに，図 2.6 に示すように外部電圧源を電極に接続し，電圧を徐々に増加させると，ある時点から急激に電流が流れ始める．このように，電流が流れる向きの直流電圧を**順方向バイアス** (forward bias) という．順方向バイアスでは外部の電界が空乏層によって作られた内部電界を上回ったときにキャリアが移動し，電流を流すことができる．このとき，空乏層は消滅する．

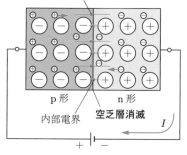

図 2.6 順方向バイアス

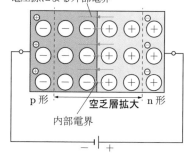

図 2.7 逆方向バイアス

しかし，図 2.7 のように図 2.6 とは逆方向に外部電圧源を接続した場合はどうなるであろうか．この場合は，外部電源による電界は空乏層にできる内部電界を強める方向に働くため，接合面付近のキャリアはますます減少し，空乏層が拡大する．したがって，pn 接合には電流が流れない．このように，電流が流れない向きの直流電圧を**逆方向バイアス** (reverse bias) という．

以上のように，pn 接合は電流を一方向にしか流さない整流作用をもつ．このような性質の半導体素子を**ダイオード** (diode) とよび，図 2.8 の記号で表す．ここで電流が流れ込む端子を**アノード** (anode)，出る端子を**カソード** (cathode) といい，三角記号が電流の向きを示すと考えると覚えやすい．図 2.9 はシリコン結晶半導体で作られたダイオードの電気特性を示している．通常，順方向バイアスでは電圧が 0.6〜0.7 V 付

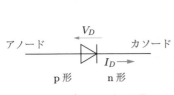

図 2.8　**ダイオードの記号**

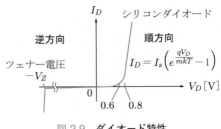

図 2.9　**ダイオード特性**

近から電流が流れ始める．これをダイオードの**順方向電圧降下**という．また，逆方向バイアスでは電流はほとんど流れない．しかし，逆方向電圧をさらに増加させるとある値で電流が急激に流れる．この現象を**雪崩降伏**や**ツェナー降伏** (Zener breakdown) といい，このときの電圧を**ツェナー電圧** (Zener voltage) という．ツェナー電圧は電流の大きさによらず一定の定電圧特性を示す．ダイオード電流と電圧の関係は物性理論より明らかとなっており，その関係は

$$I_D = I_s \left(e^{\frac{qV_D}{mkT}} - 1 \right) \tag{2.1}$$

である．ここで，

I_s：**逆方向飽和電流**
m：実験定数 (≈ 1)
k：ボルツマン定数 $(1.38 \times 10^{-23}\,\mathrm{J/K})$
T：絶対温度 $(t = 27\,{}^\circ\mathrm{C}\ で\ T = 300\,\mathrm{K})$
q：電子 1 個当たりの電荷量 $(1.6 \times 10^{-19}\,\mathrm{C})$

である．

　ダイオードは，その整流作用を利用して，交流から直流に変換する整流回路に使用される．これについては 4 章で詳しく述べる．これ以外にもツェナー現象を積極的に利用して，不安定な電圧から安定した電圧を得る素子としても使われる．この用途に作られたダイオードを**ツェナーダイオード**といい，図 2.10 で表す．ツェナーダイオードは安定な電圧を得るための電源回路などに使われる．これについては 11 章で述べる．また，ダイオードに逆バイアスをかけると空乏層が生じるが，そこは図 2.7 のように見かけ上，正負の電荷が蓄積された状態と見ることができるため，コンデンサとしても機能する．この容量はバイアス

図 2.10　**ツェナーダイオード**

電圧によって変化するため，可変容量コンデンサとしてラジオの同調回路などに利用される．この用途で開発されたダイオードを**可変容量ダイオード**という．これを利用

した回路については 10.6.1 項で述べる．そのほか，順方向に電流を流すことで光を発する**発光ダイオード** (LED) など，今日さまざまなダイオードが開発されている．

トランジスタ

トランジスタ (transistor) は，電流増幅作用をもった能動素子で，アナログ電子回路で重要な役割を担っている．ここでは，トランジスタについて，その基本特性を述べる．

2.3.1 トランジスタの構造と電圧極性

図 2.11 にトランジスタの構造を示す．トランジスタは n 形半導体と p 形半導体をサンドイッチ構造にしたもので，**npn トランジスタ**と **pnp トランジスタ**がある．どちらも 2 種類の半導体を使い，電流の流れが二つのキャリアから成り立っているので，**バイポーラトランジスタ** (bipolar transistor) ともいわれる．一般には，キャリアの移動が高速な npn トランジスタがよく利用される．トランジスタは 3 端子構造で各端子を**エミッタ** (emitter)，**ベース** (base)，**コレクタ** (collector) といい，それぞれ略してE，B，C で表す．E–B 間および B–C 間は pn 接合であることからダイオード特性を示すと考えられるが，ベース領域は非常に薄く作られており，これがトランジスタ独自の特性を生み出す元となっている．図 2.12 にトランジスタの記号を示す．エミッタ端子の矢印は流れる電流の向きと考えると覚えやすい．トランジスタを使用する場合，必ず直流電圧を端子間に印加しなければならない．そして，その電圧極性は，

（a）npn トランジスタ　　　　　　（b）pnp トランジスタ

図 2.11　**トランジスタの構造**

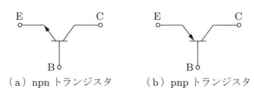

（a）npn トランジスタ　　（b）pnp トランジスタ

図 2.12　**バイポーラトランジスタの記号**

- ベース（B）- エミッタ（E）間：順方向バイアス（電流が流れるように電圧を印加）
- ベース（B）- コレクタ（C）間：逆方向バイアス（電流が流れないように電圧を印加）

と決められている.

　以下では，npnトランジスタを取り上げ，その動作原理を述べる．pnpトランジスタについては，電圧の極性とキャリアの違いを考慮すれば，同様の議論ができる.

2.3.2　トランジスタの増幅原理

　npnトランジスタの電源極性とその増幅原理を図2.13に示す．電源は，B–E間が順方向，B–C間が逆方向バイアスとなるように接続する．この状態でベース - エミッタ間の電圧を0Vから徐々に上げると，ベースからエミッタ方向に電流が流れ始める．この現象を半導体のキャリアで説明するならば，エミッタ領域（n形）のキャリアである自由電子がベース領域に侵入することにほかならない．しかし，ベース領域に入った自由電子はベース領域が非常に薄いため，**拡散**により大部分がコレクタ領域へ侵入する．一旦コレクタ領域へ入った自由電子は，ベース - コレクタ間の外部電界によりコレクタ端子へ引き寄せられる．これを電流で表現すると，ベース - エミッタ間にベース電流 I_B をわずかに流すと大きなコレクタ電流 I_C が流れ，I_B を増やすと I_C も増大する．このことからトランジスタには**電流増幅作用**がある．エミッタ電流 I_E はベース電流とコレクタ電流の和 $I_B + I_C$ となる．エミッタの自由電子がコレクタへ侵入する割合を α (< 1) とすると，

$$I_C = \alpha I_E \tag{2.2}$$

で表される．B–E間は順方向バイアスで電流が流れるので低抵抗であり，B–C間は逆バイアスのため高抵抗となる.

　つぎに，各端子の電流の関係について調べる．図2.14において，キルヒホッフの電流則より

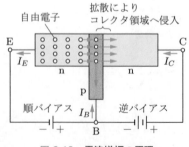

図 2.13　電流増幅の原理

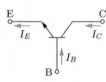

npn トランジスタ

図 2.14　トランジスタの端子電流

$$I_E = I_B + I_C \tag{2.3}$$

が得られる．ここで，式 (2.2)，(2.3) より I_E を消去すると，

$$I_C = \frac{\alpha}{1-\alpha} I_B = \beta I_B \tag{2.4}$$

となる．ただし，

$$\beta = \frac{\alpha}{1-\alpha} \tag{2.5}$$

である．β はコレクタ電流とベース電流の比を表しており，トランジスタの**電流増幅率**という．通常 α は 1 に非常に近いため，β は 1 よりはるかに大きく数十～数百程度となる．ここでは記号 β を使ったが，記号 h_{FE} で表現されることもある．β は個々のトランジスタの構造で決まる．

　同様に式 (2.2)，(2.3) より I_C を消去すれば，

$$I_E = \frac{1}{1-\alpha} I_B = \left(\frac{\alpha}{1-\alpha} + 1 \right) I_B = (\beta + 1)I_B \tag{2.6}$$

で表される．

2.3.3　トランジスタの動作領域

　トランジスタの端子電流の関係は式 (2.2)～(2.6) で示されたが，電流と電圧の関係についてはどうであろうか．そこで，図 2.15 (a) の回路を組み，ベース–エミッタ間電圧 V_{BE}，コレクタ–エミッタ間電圧 V_{CE} を変化させ，I_C と V_{CE} の電気特性を描くと，図 2.15 (b) の関係が得られる．ここでは，複数の特性（曲線）が描かれている．これは，ある I_B が流れるように電圧源 V_{BE} を調整した後，I_B 一定の条件下で V_{CE} を変化させたときの I_C を示しており，I_B の数だけ曲線が描かれている．したがって，

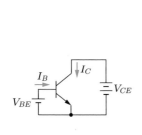

（a）トランジスタ特性測定回路

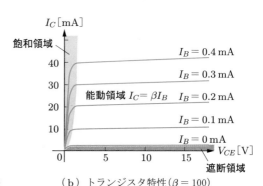

（b）トランジスタ特性（$\beta = 100$）

図 2.15　**トランジスタ特性と測定回路**

ここに描いた特性がすべてではなく，I_B を変化させることにより無数の特性が描かれることに注意しなければならない．なお，図 2.15（a）の電源接続は図 2.13 と違っているが，$V_{CE} > V_{BE}$ であれば，コレクタ–エミッタ間は常に逆バイアスとなるので問題ない．

さて図 2.15（a）の回路で，はじめに $I_B = 0$ とすると，V_{CE} を増大させてもほとんど電流が流れない．つまり，ベース電流をゼロとすることによりコレクタ–エミッタ間が遮断された状態となり，$I_C = 0$ となる．この状態を**遮断領域** (cut-off region) という．

つぎに，ベース電流が少し流れるように V_{BE} を調整し，その後，V_{CE} を増大させる．すると，はじめコレクタ電流は電圧とともに増大するが，やがて頭打ちとなり，V_{CE} を大きくしても電流はほとんど増加しない．さらに I_B を増やしてから V_{CE} を変化させると，I_C はより多く流れるが，やはり頭打ちとなる．この頭打ち状態は電圧変化に対して電流変化がほとんど生じない**定電流特性**を示しており，このときの I_C は式 (2.4) の関係を満足する．図 2.15 の例では，グラフからほぼ $\beta = 100$ を読み取ることができる．つまり，トランジスタは I_B によって I_C が制御される**可変電流源特性**を示す．この関係が成立する範囲を**能動領域** (active region) とよび，電流増幅作用が働く．

一方，V_{CE} が低電圧時に示す特性は電圧とともに電流が増大する比例関係を示しており，ちょうど低抵抗に似た働きを示す．この領域ではトランジスタが可変電流源として働かないため，式 (2.4) が成立せず，増幅作用が飽和した（機能しない）ように見えることから**飽和領域** (saturation region) とよぶ．

トランジスタを増幅素子として用いる場合は能動領域が使われる．本書で登場する回路のほとんどは能動領域を使用している．一方，飽和領域と遮断領域はトランジスタを**半導体スイッチ**として使用する場合に使われる．図 2.15（b）の特性から I_B をゼロにすれば遮断領域となり，I_C がゼロとなる．これは，図 2.16（a）に示すようにスイッチのオフに相当する．逆に，I_B を多く流すと，より多くの I_C を流しても電圧がほとんど生じない飽和領域にとどまり，ちょうど図 2.16（b）のスイッチのオンに対応する．半導体スイッチはディジタル回路や電源回路などに頻繁に使用されている．し

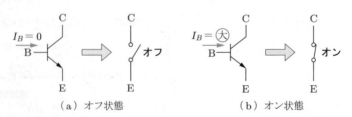

（a）オフ状態　　　　　　（b）オン状態

図 2.16　半導体スイッチ

たがって，トランジスタはアナログ回路のみならずディジタル回路においても重要な役割を担っている．

2.4 　FET（電界効果トランジスタ）

　トランジスタは電流によって電流を制御するので，**電流駆動素子**ともいわれる．一方，電流ではなく電圧によって素子を制御するものを**電圧駆動素子**といい，その代表的なものが**電界効果トランジスタ**（field effect transistor，略して**FET**）である．FETはその構造から

- 接合形電界効果トランジスタ（junction field effect transistor，略して**JFET**）
- MOS形電界効果トランジスタ（metal-oxide semiconductor field effect transistor，略して**MOSFET**）

の二つに分けられる．以下，それぞれの動作原理について述べる．

2.4.1 　JFET（接合形電界効果トランジスタ）

　JFETの構造を図2.17（a）に示す．n形半導体の左右両端に電極をつけ，電圧を加えて電流を流す．このとき，キャリアを放出する電極を**ソース** (S: source)，吸収する電極を**ドレイン** (D: drain) という．また，キャリアが通過する部分を**チャネル** (channel) といい，この場合チャネルがn形半導体で構成されていることから**nチャネル**という．nチャネルの途中にp形半導体を接合させ電極をつけた**ゲート** (G: gate) を設けておく．nチャネルJFETの回路記号を図2.17（b）に示す．nチャネルJFETには図2.18のように電源を接続する．ここで，ゲート‒ソース間はpn接合が逆バイアスとなるように電圧 V_{GS} を印加し，空乏層を発生させる．V_{GS} を大きくすると，接合部分の空乏層領域が拡大し，チャネルが狭くなるため，ドレイン‒ソース間電流が減少する．つまり，ゲート‒ソース間電圧 V_{GS} を調整することによってドレイン電流 I_D を制御できる．このとき，ゲート‒ソース間は逆バイアスであるため，抵抗値は非常に高くゲート電流はほとんど流れない．したがって，制御のために必要な電力は極

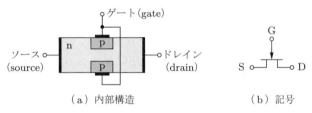

（a）内部構造 　　　　　　　　　　（b）記号

図2.17 　JFETの内部構造と記号（nチャネル）

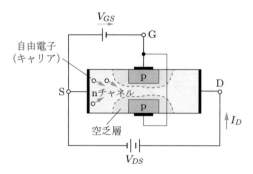

図 2.18　JFET の動作原理（n チャネル）

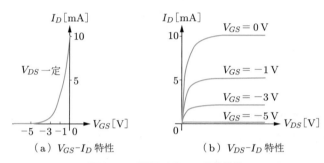

（a）V_{GS}-I_D 特性　　　（b）V_{DS}-I_D 特性

図 2.19　JFET の電圧・電流特性

めて小さく，JFET を駆動する回路も容易に実現できるなど，トランジスタに比べて優れた特徴をもっている．

　JFET の電圧 – 電流特性を図 2.19 に示す．図 2.19（a）に示すように，ドレイン – ソース間電圧 V_{DS} 一定条件下では，ドレイン電流 I_D はゲート電圧 $V_{GS} = 0$ のとき最大となり，V_{GS} を小さくする（負の電圧を大きくする）と減少する．このように V_{GS} に電圧を加え続けなければ電流遮断が維持できない動作を**デプレションモード** (depletion mode) という．また，図 2.19（b）に示すように，V_{GS} 一定条件下では I_D は定電流特性を示し，その大きさは V_{GS} のほぼ 2 乗に比例して増加する．したがって，JFET は電圧 V_{GS} によって制御される可変電流源であり，トランジスタと同様の用途に使用される．

　図 2.17（a）で n 形と p 形を入れ替えても JFET として動作する．図 2.20（a）に入れ替えた図を示す．この場合，チャネルが p 形となるので **p チャネル JFET** として動作する．ただし，キャリアがホール，電圧は $V_{GS} > 0$，$V_{DS} < 0$ となり，記号は図 2.20（b）で表される．

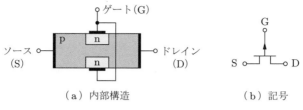

(a) 内部構造 (b) 記号

図 2.20　JFET の内部構造と記号（p チャネル）

2.4.2　MOSFET（MOS 形電界効果トランジスタ）

　MOS は metal-oxide semiconductor（金属酸化物半導体）の略であり，名前のとおり半導体に酸化膜を形成し，これを絶縁物として利用した構造になっている．図 2.21（a），（b）にそれぞれ MOSFET の内部構造と記号を示す．p 形半導体基板の表面 2 箇所に不純物濃度の高い n 形半導体を生成し，それぞれに電極をつけ，これを**ドレイン**と**ソース**とする．また，ドレイン − ソース間表面を絶縁酸化膜の SiO_2 で覆い，その上に電極をつけ，これを**ゲート**とする．この図では MOSFET に p 形基板を使っているが，この構造のものを **n チャネル MOSFET** といい，図 2.21（b）の記号で表す．電源は図 2.22（a）のように接続する．p 形基板の電極は一般に電位が最も低い部分に接続し，pn 接合によって生じた寄生的なダイオードが動作しないようにする．もっとも簡

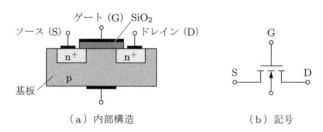

(a) 内部構造 (b) 記号

図 2.21　MOSFET の内部構造と記号（n チャネル）

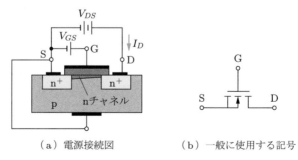

(a) 電源接続図 (b) 一般に使用する記号

図 2.22　n チャネル MOSFET の動作原理と記号

単な方法は基板電極をソース端子に接続することであり，この接続状態の MOSFET を図 2.22（b）の記号で表す.

　いま，図 2.22（a）において $V_{GS} = 0$ とすると，ドレイン−基板間は逆バイアス状態であり，V_{DS} を大きくしても電流は流れない．つぎに，ゲート−ソース電圧 V_{GS} を大きくすると，静電誘導により自由電子が基板と SiO_2 との間に誘導され，電流を流すことが可能な細い通路が形成される．これを**チャネル** (channel) といい，自由電子がキャリアであることから**nチャネル**という．チャネルは V_{GS} が大きくなるほど厚みを増すため，ドレイン電流 I_D も大きくなる．この MOSFET の電圧・電流特性を調べると図 2.23 となる．図 2.23（a）では，V_{DS} 一定の条件下で V_{GS} を大きくすると，I_D が増加する．MOSFET の場合も JFET の場合と同じく，V_{GS} のほぼ 2 乗に比例して I_D が増加する．図 2.23（b）に示すように，V_{GS} 一定の条件下で V_{DS} を大きくすると，ある電圧以上で I_D はほぼ一定の**定電流特性**を示す．MOSFET では，$V_{GS} = 0$ で $I_D = 0$ となるので，ドレイン電流を流すには V_{GS} をある電圧以上にしなければならない．この動作を**エンハンスメントモード** (enhancement mode) という．ゲート−ソース間は絶縁されているので，ゲートの入力抵抗は JFET よりさらに高く，素子を駆動するための電力をほとんど必要としない．よって，駆動回路が容易となる.

　図 2.21（a）の p 形と n 形を入れ替えても MOSFET として動作する．図 2.24（a）

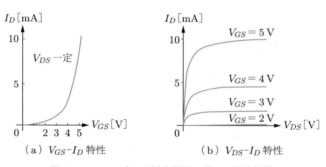

（a）V_{GS}-I_D 特性　　　　　　（b）V_{DS}-I_D 特性

図 2.23　n チャネル MOSFET の電圧・電流特性

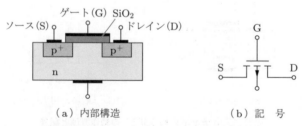

（a）内部構造　　　　　　　　　（b）記　号

図 2.24　p チャネル MOSFET の内部構造と記号

にその構造を示すが，このタイプを **p チャネル MOSFET** といい，図 2.24（b）の記号
で表す．この場合，$V_{GS} < 0$, $V_{DS} < 0$ で動作する．

演習問題

2.1 n 形半導体と p 形半導体について簡潔に述べよ．

2.2 npn バイポーラトランジスタの電流増幅原理を述べよ．

2.3 図 2.25 のトランジスタ特性から電流増幅率 β を求めよ．

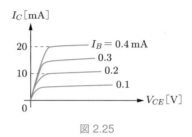

図 2.25

2.4 バイポーラトランジスタと MOSFET の電気特性上の違いを述べよ．

2.5 図 2.26（a）のダイオードがあったとする．これを図 2.26（b）のように 2 個直列接続し
た場合の電圧 $V_D{}'$–I_D 特性をグラフに描け．また，図 2.26（c）のように並列接続した
場合の V_D–$I_D{}'$ 特性についてもグラフに描け．

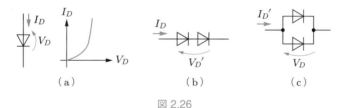

図 2.26

2.6 図 2.27（a）の回路における電流 I_D および電圧 V_{GS} を，図 2.27（b）の特性を使って作
図により求めよ．

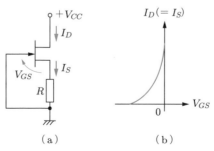

図 2.27

3 半導体回路の基本解析法

2章で述べたように，半導体素子は電圧・電流特性が曲線となる非線形特性を有するため，これを含む電子回路に1章で述べた交流理論や各種定理（重ね合わせの定理，テブナンの定理）をそのまま適用することはできない．このため，新たな発想や捉え方が必要となる．ここでは，半導体の基本素子であるダイオードに焦点を当て，これを含む非線形回路の解析手法について述べる．ここでの考え方は，トランジスタなどほかの半導体素子を含んだ非線形回路全般に当てはめることができる重要なものである．

まず，結論からいうと，非線形回路の取り扱い法にはおよそ以下の3通りがある．

（1）**図式解法**：すべて作図により動作を把握する方法．
（2）**小信号等価回路**を用いる方法：信号の狭い変動範囲に限定して近似により線形な等価回路を求め，これを活用する方法．ここで得られる等価回路を小信号等価回路という．
（3）**折れ線近似**を用いる方法：非線形素子の特性全体を折れ線を使って直線近似し，関係を求める方法．

以下，それぞれの手法について例題を挙げて詳しく述べる．いま，つぎの課題が与えられたとする．

> **課題** 図3.1（a）の回路において電流 I_D および電圧 V_D を求めよ．
> ただし，ダイオード特性は図3.1（b）であるとする．

この課題に対して，上記3手法をそれぞれ適用する．この作業を通して三者の違いを認識してほしい．

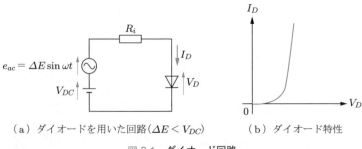

（a）ダイオードを用いた回路（$\Delta E < V_{DC}$）　　（b）ダイオード特性

図3.1 **ダイオード回路**

図 3.1（a）には直流電圧と交流電圧が含まれるが，交流信号は直流信号を中心に振動するので，まずは直流成分（動作点）を調べる．そのため，交流信号を $e_{ac} = 0$ として考える．すると，キルヒホッフの電圧則より

$$V_{DC} = R_i I_D + V_D \tag{3.1}$$

$$I_D = -\frac{V_D - V_{DC}}{R_i} \tag{3.2}$$

が得られる．式 (3.2) はダイオード電流 I_D と電圧 V_D の関係を表しているが，ダイオードの非線形特性は考慮されていない．つまり，ダイオード以外のほかの回路部分（抵抗や電圧源）によって制約される条件であり，これを**負荷直線** (load line) という．回路中の V_D，I_D はこの関係を満足すると同時に，図 3.1（b）のダイオード特性をも満足しなければならない．したがって，両者を同時に満足する電流と電圧は式 (3.2) を平面図 3.1（b）に描いたグラフの交点となる．以上のことを考慮して直流負荷直線を描くと図 3.2 となり，まずはダイオードの直流電流，直流電圧を知ることができる．

つぎに，交流信号を考慮する．e_{ac} がゼロでない場合，図 3.1（a）より

$$V_{DC} + e_{ac} = R_i I_D + V_D \tag{3.3}$$

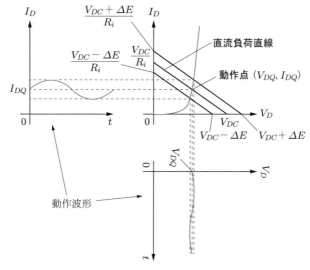

図 3.2　図 3.1 の動作波形

$$I_D = -\frac{V_D - (V_{DC} + e_{ac})}{R_i} \tag{3.4}$$

となる．式 (3.4) もダイオード平面図 3.1（b）に描くことができるが，e_{ac} は交流信号であるため，直線も時間とともに変化する．そこで e_{ac} の変動範囲を考える．e_{ac} は正弦波信号でその最大値は $+\Delta E$，最小値は $-\Delta E$ であるから，それぞれの値を式 (3.4) に代入して直線を描くと，図 3.2 となる．負荷直線はこの 2 本の間を正弦波状に振動するので，この動きをイメージしてダイオード特性との交点を追跡し，電圧，電流の軸にそれぞれ投影させると，動作波形が得られる．

この方法は，非線形特性をありのまま考慮して結果を得ることができるので，万能な方法であるが，

（1）作図が煩雑になりがちなこと

（2）関係を数式で表現できないこと

から定量的な把握が難しいという問題が残る．よって，回路動作を大まかに把握したい場合に使われる．

3.2 小信号等価回路を用いる方法

交流成分は直流成分（バイアス）を中心に変動することはすでに述べた．ここでは交流電源の変動範囲が狭いと考え，動作点近傍の特性を直線近似し，**小信号等価回路** (small-signal equivalent circuit) を導出することによって関係を求める．直流成分についてほかの方法で求めなければならない．ここで説明する方法は，あくまでも動作点決定後の小信号について関係を導出するにすぎないが，6 章のトランジスタ増幅器のように信号処理回路の動作解析などによく用いられる．

ここでは，まず動作点 (V_{DQ}, I_{DQ}) が決まったとして，その近傍を直線近似する．動作点はたとえば先の図式解法によって図 3.3（a）のように得られたとすれば，この交点からダイオード特性に接線を引き，その傾きを $1/r_d$ とする．ここで，電流および電圧の変動分をそれぞれ ΔI_D，ΔV_D とし，これのみに注目して両者の関係を描き直せば，動作点を新たな原点とした傾き $1/r_d$ の直線となり，比例関係となる．これは，変動成分 ΔI_D，ΔV_D から見るとダイオードは抵抗 r_d と等価であることを意味している．したがって，図 3.1（a）の回路を変動分に注目して描き直すと，図 3.3（b）の等価回路が得られる．この図には直流電圧源 V_{DC} は含まれない．なぜなら，V_{DC} は動作点（直流）に影響を与えるが，変動成分の発生要因ではないからである．

以上のことから，図 3.3（b）より

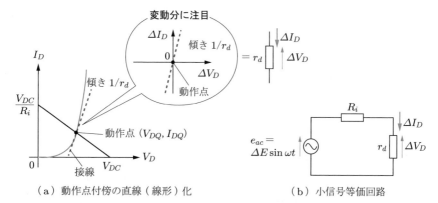

（a）動作点付傍の直線（線形）化　　　　　（b）小信号等価回路

図 3.3　小信号等価回路の導出

$$\Delta I_D = \frac{\Delta E \sin \omega t}{R_i + r_d} \tag{3.5}$$

$$\Delta V_D = \frac{r_d}{R_i + r_d} \Delta E \sin \omega t \tag{3.6}$$

が得られる．ここで，題意に沿って I_D，V_D を表すならば，

$$I_D = I_{DQ} + \Delta I_D \tag{3.7}$$

$$V_D = V_{DQ} + \Delta V_D \tag{3.8}$$

となる．

　ちなみに，r_d の大きさは以下のようにして求めることができる．ダイオードの特性が式 (2.1) であった場合，動作点における接線の傾き $1/r_d$ は，式 (2.1) を V_D で偏微分することで以下のように得られる．

$$\begin{aligned}
\frac{1}{r_d} &= \left. \frac{\partial I_D}{\partial V_D} \right|_{V_D = V_{DQ}} \\
&= \frac{q}{mkT} I_s e^{\frac{qV_{DQ}}{mkT}} \\
&\approx \frac{q}{mkT} I_s \left(e^{\frac{qV_{DQ}}{mkT}} - 1 \right) \quad \left(\text{なぜなら通常 } e^{\frac{qV_{DQ}}{mkT}} \gg 1 \text{ だから} \right) \\
&= \frac{q}{mkT} I_{DQ} \tag{3.9}
\end{aligned}$$

したがって，つぎのようになる．

$$r_d \approx \frac{mkT}{q} \frac{1}{I_{DQ}} \approx \frac{25 \times 10^{-3}}{I_{DQ}} \tag{3.10}$$

式 (3.10) よりダイオードの小信号等価抵抗 r_d は動作点 I_{DQ} にほぼ反比例することがわかる．たとえば，$I_{DQ} = 1\,\mathrm{mA}$ では $r_d = 25\,\Omega$ となり，$I_{DQ} = 2\,\mathrm{mA}$ では $r_d = 12.5\,\Omega$ となり，動作点によって大きく値が変化する．

3.3　折れ線近似を用いる方法

折れ線近似とは，非線形な特性全体を折れ線によって直線近似し，場合分けによって直流も交流も一括して求める手法である．たとえば，図 3.1（b）のダイオード特性は図 3.4（a）のように，あるしきい値 V_F を境として 2 本の直線で近似することができる．この場合，$V_D < V_F$ に対して電流はまったく流れないが，$V_D > V_F$ に対しては電圧の増加に伴ってある傾きで増加する．これを等価的な回路で表現すると，それぞれの図 3.4（b）となる．よって，これらを元の回路図 3.1（a）に当てはめると図 3.5 となる．以上のことから，I_D, V_D はそれぞれ以下のようにして得られる．

（ⅰ）$V_D < V_F$ の場合：図 3.5（a）より以下のようになる．

$$I_D = 0 \tag{3.11}$$
$$V_D = e_{ac} + V_{DC} = \Delta E \sin \omega t + V_{DC} \tag{3.12}$$

（ⅱ）$V_D > V_F$ の場合：図 3.5（b）より以下のようになる．

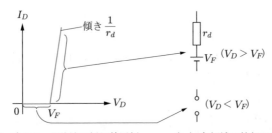

（a）ダイオード特性の折れ線近似　　　（b）各領域の等価回路

図 3.4　**ダイオードの折れ線近似**

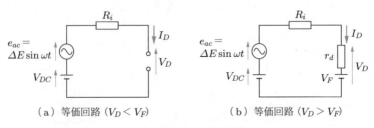

（a）等価回路 $(V_D < V_F)$　　　　（b）等価回路 $(V_D > V_F)$

図 3.5　**図 3.1 の等価回路**

$$I_D = \frac{V_{DC} - V_F + e_{ac}}{R_i + r_d} = \frac{V_{DC} - V_F}{R_i + r_d} + \frac{\Delta E \sin \omega t}{R_i + r_d} \tag{3.13}$$

$$V_D = r_d I_D + V_F = \frac{r_d V_{DC} + R_i V_F}{R_i + r_d} + \frac{r_d}{R_i + r_d} \Delta E \sin \omega t \tag{3.14}$$

ここで問題となるのは，切り替え条件である．いま，V_D を使って場合分けしたが，V_D は求めるべき未知電圧であるから，これを使って V_D を求めることは本来できない．この切り替え条件は電源（交流電源）電圧などの明確な値を使って示さなければならない．回路が複雑になるとその境界を求めるのは難しくなるのだが，この回路では容易にわかる．それは，仮にいま $V_D < V_F$ の状態であったとすれば，課題（p.38）の回路は図 3.5（a）となり，電流 $I_D = 0$ となる．この状態では R_i の電圧降下は 0 となるため，次式が成立する．

$$V_D = e_{ac} + V_{DC} < V_F \tag{3.15}$$

この式より，$I_D = 0$ の期間中はダイオード電圧 V_D が電源電圧 $e_{ac} + V_{DC}$ と等しいので，ダイオード電圧が確定する．また，図 3.5（b）への切り替わりは，式 (3.15) の不等式が成立しなくなったとき，すなわち

$$e_{ac} + V_{DC} > V_F \tag{3.16}$$

で起こる．

　以上，切り替え条件が明確になったので，それぞれの結果をつなぎ合わせると，最終結果が得られる．

　この解法では，先の小信号等価回路と比べて，変動成分のみならず直流成分も同時に扱うことができるので便利である．問題点としては，

（1）各等価回路への切り替え条件の判定が容易ではないこと

（2）折れ線の折れ曲がり付近で誤差が増大すること

が挙げられる．

　図 3.4 の折れ線近似で，$V_F = 0$，$r_d = 0$ である特性をとくに **理想ダイオード** 特性といい，図 3.6 にその特性と等価回路を示す．この場合，$V_D > 0$ では短絡，$V_D < 0$ では開放となり，理想スイッチのオン，オフに対応する．交流を直流に変換する回路など整流作用を目的として使われるダイオードは，理想特性に近いほどよい．4 章のダイオード回路では，動作理解を容易にするため，ダイオード特性は理想的であるとすることが多い．

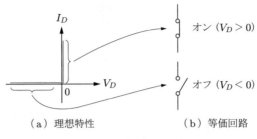

(a) 理想特性　　　　　　　（b）等価回路

図 3.6　理想ダイオード

演習問題

3.1 図 3.7（a）の回路においてダイオードの電流 I_D，電圧 V_D を作図から求めよ．ただし，ダイオードの特性を図 3.7（b）とする．

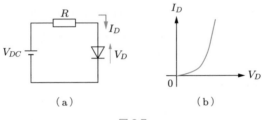

（a）　　　　　　　　　　　（b）

図 3.7

3.2 図 3.7（a）の回路においてダイオード特性を図 3.8 のように折れ線近似したとして，V_D，I_D を求めよ．ただし，$V_{DC} > V_F$ である．

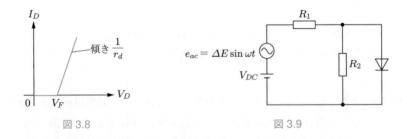

図 3.8　　　　　　　　　　図 3.9

3.3 図 3.9 の回路において $V_{DC} \gg \Delta E$ であるとして小信号等価回路を導出し，ダイオードの変動電流 ΔI_D，変動電圧 ΔV_D を求めよ．

3.4 ダイオードに以下の直流電流を流したときの小信号等価抵抗を求めよ．ただし，ダイオード特性は式 (2.1) であるとする．

（a）1 mA　　（b）2 mA　　（c）5 mA　　（d）10 mA

4 ダイオード回路

ダイオードには電流を一方向に流す整流作用があり，この非線形特性を利用してさまざまな回路が考案されている．ここでは，ダイオードを使った代表的な整流平滑回路と波形整形回路ついて述べる．

整流平滑回路

電子回路は直流電圧源が必要であり，交流である一般家庭用コンセントの電源をそのまま使用することはできない．そこでまず，交流電圧を直流電圧に変換する**整流回路** (rectifier circuit) が必要となる．本節では，ダイオードを使った各種整流方式について詳しく述べる．ただし，ここでの直流とは乾電池などの安定した電圧のほかに，レベル変動があっても常に電圧極性が変わらない**脈流**も含むものとする．なお，使用するダイオードは図 3.6 の理想特性をもつとする．

4.1.1 半波整流回路

図 4.1 (a) に**半波整流回路**を示す．この回路は整流回路の中で最も単純な構成で，ダイオードを一つだけ使用する．入力電圧 V_i が図 4.1 (b) の正弦波とすれば，正の半周期ではダイオードが常に順方向バイアスされるので，負荷 R_L の電圧は $V_o = V_i$ となる．一方，負の半周期ではダイオードが逆バイアスとなり，電流が遮断されるので，$V_o = 0$ となる．このため，負荷には正の半周期のみしか電力が供給されない．以上のことから，入力電圧 V_i を

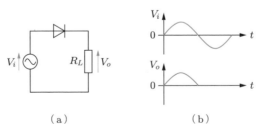

（a） （b）

図 4.1　半波整流回路

$$V_i = V_m \sin \omega t \tag{4.1}$$

とし，ダイオード特性が理想的であれば，出力電圧 V_o は

$$V_o = \begin{cases} V_m \sin \omega t & (0 < \omega t < \pi) \\ 0 & (\pi < \omega t < 2\pi) \end{cases} \tag{4.2}$$

となる．

4.1.2 全波整流回路

　半波整流に対し，全期間にわたって電力供給する整流を**全波整流**という．ここでは，ブリッジ形とセンタータップ形について述べる．

（1）ブリッジ形全波整流回路

　図 4.2（a）にブリッジ形全波整流回路を示す．ダイオードを四つ使用し，このオンオフの組み合わせによって負の半周期でも電力を供給できるように工夫している．各半周期のダイオード動作を図 4.3 に示す．電源電圧が正の半周期では図 4.3（a）のように，ダイオード D_1，D_3 がオンになり，D_2，D_4 が逆バイアスとなってオフになるので，$V_o = V_i$ となる．一方，負の半周期では図 4.3（b）のように，D_2，D_4 がオンになり，D_1，D_3 がオフになるので，$V_o = -V_i$ となり，出力は正となる．したがって，入力電圧が式 (4.1) で与えられたとき，出力電圧 V_o は

$$V_o = V_m |\sin \omega t| \tag{4.3}$$

となる．この回路はダイオードを四つ使用するが，電源の全周期に渡って電力を供給できるため伝送効率がよく，電源装置の整流回路としてよく利用される．

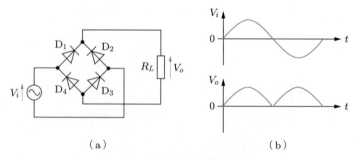

（a）　　　　　　　　　　　　（b）

図 4.2　ブリッジ形全波整流回路

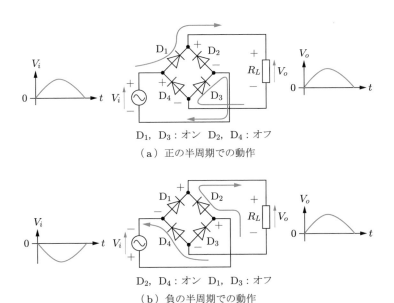

D$_1$, D$_3$：オン　D$_2$, D$_4$：オフ

（a）正の半周期での動作

D$_2$, D$_4$：オン　D$_1$, D$_3$：オフ

（b）負の半周期での動作

図 4.3　ブリッジ形全波整流回路の動作

（2）センタータップ形全波整流回路

　図 4.4（a）にセンタータップ形全波整流回路を示す．トランスの出力巻線に図のようにダイオードを接続し，負荷 R_L を経由して出力巻線中央（センタータップ）に戻す構成となっている．この回路動作を図 4.5 に示す．入力が正の半周期では図 4.5（a）に示すとおり上のダイオードがオンし，負の半周期では図 4.5（b）のように下のダイオードがオンする．このため，全周期に渡って電力を負荷に供給することができる．

　この方式はダイオードが二つで済む反面，2 巻線出力のトランスを必要とする．通常トランスはダイオードより高価で体積，重量ともに大きい．このため，一般には安価で軽量なブリッジ形が多く利用される．しかし，入出力の絶縁が必要な場合や，出力電圧レベルを変えたい場合はトランスの特長を活かすことができるので，センタータップ形が適している．

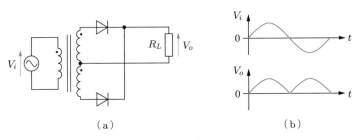

（a）　　　　　　　　　　　　　　（b）

図 4.4　センタータップ形全波整流回路

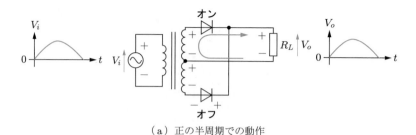

（a）正の半周期での動作

（b）負の半周期での動作

図 4.5　センタータップ形全波整流回路の動作

4.1.3　倍電圧整流回路

図 4.6 に倍電圧整流回路を示す．この回路では入力電圧ピークの 2 倍の出力電圧を得ることができる．図 4.7 にその動作を示す．ただし，ここでは電源投入直後の立ち上がり波形を示しており，コンデンサの初期電荷はゼロであるとする．また，理解を容易にするため，負荷抵抗 R_L によって消費される電力は小さく，これによるコンデンサ電圧の低下は無視できるとする．まず正の半周期では，図 4.7（a）に示すように D_1 を通してコンデンサ C_1 を充電する．このとき C_1 の電圧はピーク値 V_m まで

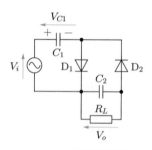

図 4.6　倍電圧整流回路

充電される．つぎに負の半周期では，図 4.7（b）に示すように C_1 の電圧 $V_{C1}（= V_m）$ が電源電圧を強める向きに加わり C_2 を充電する．ここで $C_1 \gg C_2$ であるとすると，放電時の C_1 の電圧変化はほとんど起こらないと考えられ，C_2 の電圧 V_{C2} は最終的に $2V_m$ となる．

以上の動作を周期的に繰り返すことにより，入力電圧ピークの 2 倍の電圧を得ることができる．ただし，負荷の電力消費が大きいとコンデンサ電圧が低下し，2 倍の電圧が得られない．それでも，トランスやインダクタを使わずに昇圧できるため，小電力用途の小型昇圧回路に適している．

図 4.8 は倍電圧整流回路を拡張したもので，整流回路を n 段接続することによって

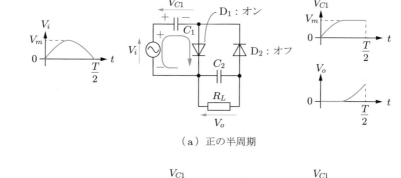

（a）正の半周期

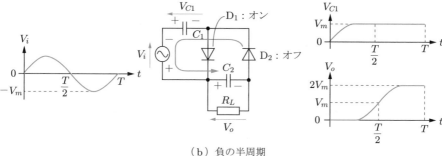

（b）負の半周期

図 4.7　倍電圧整流回路の動作波形

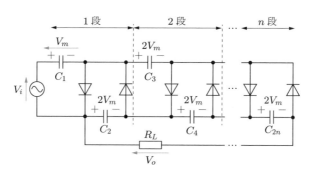

図 4.8　コッククロフト – ウォルトン回路

$$V_o = 2nV_m \tag{4.4}$$

の高電圧出力を得る回路であり，**コッククロフト – ウォルトン回路**とよばれる．

4.1.4　平滑回路

　整流回路は交流を直流（脈流も含む）に変換する回路であるが，電圧変動が大きく，このままでは直流電源として使用できない．ここでは，簡単な方法で脈動の少ない直

流を得るための平滑回路について述べる.

（1）コンデンサ平滑回路

図 4.9 にコンデンサ平滑回路を示す．これは半波整流回路にコンデンサを並列接続した構造であり，平滑回路としてもっとも簡単である．このときの出力電圧波形を図 4.10 に示す．コンデンサ電圧は入力電圧 V_i のピーク付近まで上昇を続け，その後 V_i の低下によってダイオードが逆バイアスされる．この間，電源からの電力は遮断されるので，コンデンサは負荷抵抗を通して放電し，出力電圧 V_o が低下する．再び充電されるのは入力電圧がコンデンサ電圧を超えたときとなる．

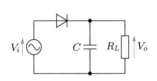

図 4.9　コンデンサ平滑回路（半波）

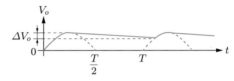

図 4.10　コンデンサ平滑回路の動作波形（半波）

放電時の電圧 V_o はコンデンサの初期電圧を V_m とし，放電開始時刻を $t = 0$ とおくと，

$$V_o = V_m e^{-\frac{t}{CR_L}} \tag{4.5}$$

で表される.

ここで，充電期間は放電期間に比べて十分短いとして無視し，かつ放電が周期 T に比べてゆっくりであると仮定する．すると，放電特性は時刻 $t = 0$ における式 (4.5) の接線で 1 次（直線）近似することができ，降下時間は T とみなせる．よって，放電による電圧降下 ΔV_o は

$$\Delta V_o = \left(\frac{V_m}{CR_L}\right)T = \frac{2\pi V_m}{\omega CR_L} \tag{4.6}$$

となる．ΔV_o は直流電圧に含まれる変動成分を示し，この値が小さいほど直流電源として質が高い．この変動成分を**リプル** (ripple) といい，電圧の変動を**電圧リプル**，電流の変動を**電流リプル**という．

つぎに，図 4.11 のように全波整流回路にコンデンサを接続した場合を考える．このときの動作波形を図 4.12 に示す．動作周期が図 4.10 と比べて半周期になった点を除けば，波形はまったく同じとなる．

したがって，放電特性は同じく式 (4.5) で表され，放電による電圧変動（電圧リプル）ΔV_o は周期が $T/2$ であることを考慮して

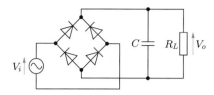
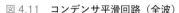

図 4.11　コンデンサ平滑回路（全波）

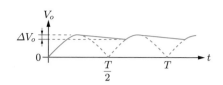

図 4.12　コンデンサ平滑回路の動作波形（全波）

$$\Delta V_o = \left(\frac{V_m}{CR_L}\right)\frac{T}{2} = \frac{\pi V_m}{\omega CR_L} \tag{4.7}$$

となる．式 (4.7) は式 (4.6) と比べて値が半分であるから，全波整流形は半波整流形に比べて電圧リプルが小さく，よりよい直流電圧が得られる．このため，ほとんどの家電製品の整流回路として使用されている．

（2）LC 平滑回路

　図 4.13 に LC 平滑回路を示す．これは平滑コンデンサの前にインダクタを挿入した回路であり，**LC フィルタ**ともいう．ここで説明を容易にするために，負荷抵抗 R_L は C のインピーダンスに比べて十分大きいとして無視する．仮に入力電圧 V_i が正弦波形であるならば，図 4.13 は線形回路であるから交流理論を使って，

$$\left|\frac{V_o}{V_i}\right| = \left|\frac{1/(j\omega C)}{j\omega L + 1/(j\omega C)}\right| = \left|\frac{1}{1-\omega^2 CL}\right| = \left|\frac{1}{1-(\omega/\omega_c)^2}\right| \tag{4.8}$$

$$\omega_c = \frac{1}{\sqrt{LC}} \tag{4.9}$$

の関係が得られる．式 (4.8) は角周波数 ω の正弦波を入力したときの電圧利得 $|V_o/V_i|$ である．ここで，

$$\omega \ll \omega_c \text{ の場合,} \quad \left|\frac{V_o}{V_i}\right| = 1 \tag{4.10}$$

$$\omega_c \ll \omega \text{ の場合,} \quad \left|\frac{V_o}{V_i}\right| = \frac{{\omega_c}^2}{\omega^2} \tag{4.11}$$

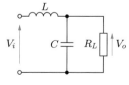

図 4.13　LC 平滑回路

となるので，ω_c より低い周波数成分はほぼそのまま通過し，ω_c より高い周波数成分は ω の上昇に伴って大きく減衰する．この割合は周波数が 10 倍高くなると利得は 1/100 倍となるので，1.2.5 項のデシベルを使って -40 dB/dec と表す．ここで横軸に周波数，縦軸に利得をとってグラフを描くと，図 4.14 となる．このように，ある特定の周波数のみ通過させる回路を**フィルタ** (filter) といい，とくに低周波成分のみ通過させるフィルタを**ローパスフィルタ** (LPF: low pass filter) という．

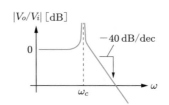

図 4.14　*LC* 平滑回路の周波数特性

　フーリエ級数理論によると，任意の周期波形はさまざまな周波数成分を含む．これはいい換えると，図 4.15 のように全波整流した脈動電圧 V_i は，ある直流成分 V_{i0} と，複数の周波数の異なる正弦波電圧 $V_{i1}, V_{i2}, \ldots$ の合成 (和) と見ることができる．よって，各成分の減衰率を式 (4.8) を使って独立に求め，その結果得られた出力 $V_{o0}, V_{o1}, V_{o2}, \ldots$ を合成したものが出力波形となる．この場合，直流はそのまま通過し，高周波成分は大きく減衰するので，図のようなほぼ安定した直流電圧を得ることができる．

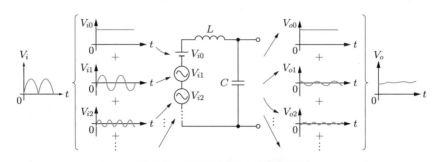

図 4.15　周波数成分による動作理解

4.2　**波形整形回路**

　ダイオードの整流作用を利用して電圧波形の最大値を制限したり，直流レベルを変化させるなど，波形の一部または全体の整形を行うことができる．

4.2.1　クリップ回路 ────────────────────────

　クリップ回路は，電圧値がある値以上またはある値以下になったときのみ入力波形を通過させる回路であり，入力波形の最小値または最大値を制限したいときに用いられる．図 4.16 にこの回路を示す．図 4.16（a），（b）は入出力電圧とダイオードが直列であるか並列であるかにより，それぞれ**直列形**，**並列形**という．

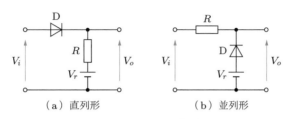

（a）直列形　　　　　　　（b）並列形

図 4.16　クリップ回路

　まず，図 4.16（a）の動作を説明する．ただし，ダイオードは 4.2.3 項を除いて理想特性であるとし，出力端子は開放として考える．

（ⅰ）$V_i > V_r$ の場合：ダイオード D がオンになり，抵抗 R には $V_i - V_r$ の電圧が加わる．このとき，出力電圧 V_o は

$$V_o = V_i \tag{4.12}$$

　　となる．

（ⅱ）$V_i < V_r$ の場合：ダイオードがオフになるため，抵抗 R には電流が流れない．したがって，出力電圧 V_o は

$$V_o = V_r \tag{4.13}$$

　　となる．

以上のことから入出力特性をグラフで描くと，図 4.17 となる．たとえば入力電圧 V_i が正弦波であったとすると，図 4.18 の波形が得られる．

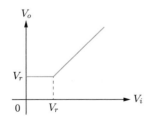

図 4.17　クリップ回路の入出力特性

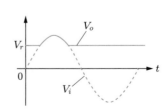

図 4.18　クリップ回路の出力波形

図 4.16（b）の回路についても同様に，ダイオードのオンとオフに分けて入出力特性を求めれば，図 4.17 と一致する．したがって，出力波形も図 4.18 となる．

以上のことから，図 4.16 の回路は出力電圧の最小値を V_r に制限する回路である．

つぎに，図 4.16 のダイオードを逆向きにした場合，入出力特性および出力波形はどうなるであろうか．例として図 4.16（a）のダイオードを逆向きにした図 4.19 のクリップ回路について考える．この回路において

（ⅰ）$V_i > V_r$ の場合：ダイオードがオフになり，抵抗 R には電流が流れない．したがって，

$$V_o = V_r \tag{4.14}$$

となる．

（ⅱ）$V_i < V_r$ の場合：ダイオードがオンになり，抵抗 R には電圧 $(V_i - V_r)$ が加わる．したがって，

$$V_o = V_i \tag{4.15}$$

となる．

以上の関係より，入出力特性および出力波形はそれぞれ図 4.20, 図 4.21 となり，出力電圧の最大値が V_r に制限される．

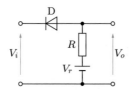

図 4.19　図 4.16（a）のダイオードを
逆向きに接続した回路

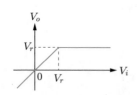

図 4.20　図 4.19 の入出力特性

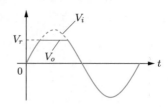

図 4.21　出力波形

4.2.2　リミット回路

　リミット回路とは出力電圧の最大値と最小値を制限する回路で，クリップ回路を二つ直列または並列に接続した構成となっている．図 4.22 にリミット回路を示す．図 4.22（a）は図 4.16（a）の直列形クリップ回路を 2 段接続した構成である．図 4.22（b）は図 4.16（b）の並列形が 2 段接続されていると考えられるが，ダイオードが同時にオンすることはないので抵抗 R は一つで兼用できる．どちらの回路もその入出力特性は図 4.23 となり，正弦波を入力したときの出力波形は図 4.24 となる．また，ツェナーダイオードを図 4.25 のように向かい合わせに接続すれば直流電源 V_r も不要となり，容易にリミット回路を構成できる．

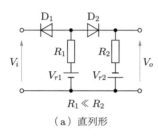

（a）直列形

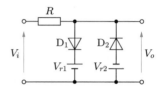

（b）並列形

図 4.22　リミット回路

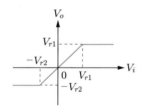

図 4.23　リミット回路の入出力特性

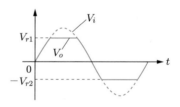

図 4.24　リミット回路の入出力波形

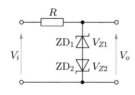

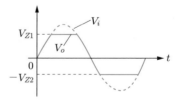

図 4.25　ツェナーダイオードを用いたリミット回路とその入出力波形

4.2.3 スライス回路

V_r の値が低いリミット回路をとくに**スライス回路**という. V_r が 0.6〜0.7 V 程度ならば図 4.26 のようにダイオードを接続し, その順方向電圧降下 V_F を利用することで図 4.27 の波形が得られる. この場合, 直流電圧源が不要である.

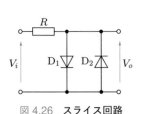

図 4.26 スライス回路

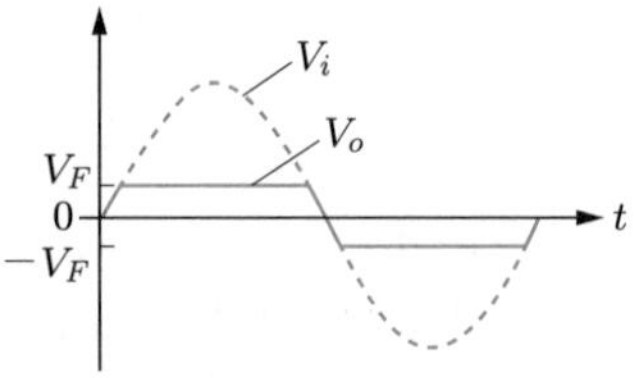

図 4.27 スライス回路の入出力波形

4.2.4 クランプ回路

入力波形に任意の直流電圧を加える直流再生回路を**クランプ回路**という. 図 4.28 にクランプ回路を示す. この回路動作について説明する. なお, 入力電圧は図 4.29 の最小値 0, 最大値 V_m の矩形波であるとし, $V_m > V_r$ であるとする.

（ⅰ）$0 < t < T/2$ のとき：$V_i = V_m$ であるから, ダイオードがオンになり, コンデンサ C を急速に充電する. ダイオードが理想的ならばコンデンサ電圧 V_C は瞬時に

$$V_C = V_m - V_r \tag{4.16}$$

となるので, 出力電圧 V_o は,

$$V_o = V_r \tag{4.17}$$

となる.

（ⅱ）$T/2 < t < T$ のとき：$V_i = 0$ となり, ダイオードは V_C と V_r によって逆バイアスされ, オフになる. このとき, コンデンサ C の電荷は V_i, R を経由し

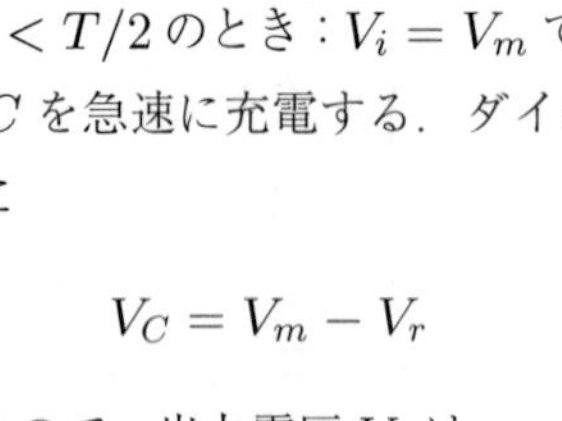

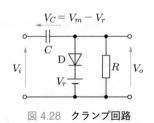

図 4.28 クランプ回路

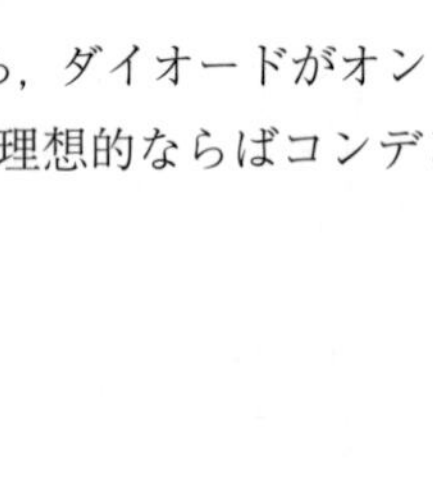

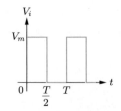

図 4.29 入力電圧波形

て放電するが，C の容量または R が十分大きければ放電による V_C の低下は無視できるので，

$$V_o = -(V_m - V_r) \tag{4.18}$$

となる．

（ i ），（ ii ）から出力波形は図 4.30 となる．実際は，コンデンサの充電に多少時間がかかり，放電もするので，図 4.31 のようになる．

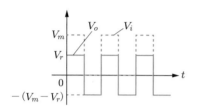

図 4.30　クランプ回路の入出力波形

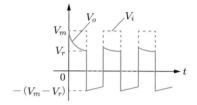

図 4.31　クランプ回路の実波形

演習問題

4.1　図 4.32 の倍電圧整流回路（ a ），（ b ）において左図のような矩形波電圧 V_i を加えた場合，電圧 V_{C1} および V_o の波形を $t = 0$ から描け．ただし，コンデンサ容量は $C_1 \gg C_2$ であるとし，コンデンサの初期電荷は 0 であるとする．また，抵抗 R_L によるコンデンサの電圧低下は無視できるとする．

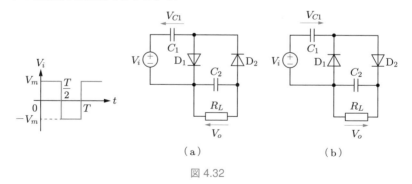

図 4.32

4.2 図 4.33 の整流回路において左図のような正弦波電圧 V_i を加えた場合，コンデンサ電圧 V_{C1}，V_{C2} および V_L の波形を求めよ．ただし，コンデンサの初期電荷は 0 とし，負荷抵抗 R_L による電圧低下は無視できるとする．

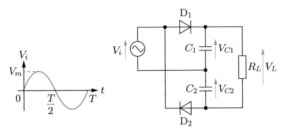

図 4.33

4.3 図 4.34 の回路（a），（b），（c），（d）の電圧 V_L を描け．ただし，e_{ac} は左図のような正弦波で，ダイオードは理想的である．

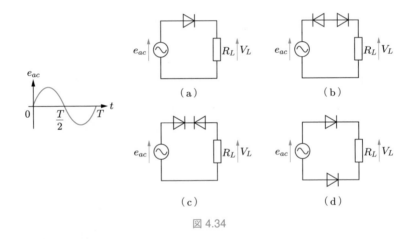

（a）　　　　　　　　　　　（b）

（c）　　　　　　　　　　　（d）

図 4.34

4.4 以下の用語を説明せよ．

（a）クリップ回路，（b）リミット回路，（c）スライス回路，（d）クランプ回路

4.5 図 4.16（a）のクリップ回路について以下の問いに答えよ．

（a）入力に正弦波を加えた場合の出力波形を描け．ただし，正弦波の振幅を V_m とし，$V_m > V_r$ とする．

（b）ダイオード D を逆向きにしたときの出力波形を描け．

（c）電源 V_r を逆向きに接続したときの出力波形を描け．

4.6 図 4.16（b）のクリップ回路の出力端子に抵抗 R_L を接続した場合，出力電圧に及ぼす影響について述べよ．

5 トランジスタ増幅器 （基本原理とバイアス）

2章でトランジスタの基本特性を述べたが，この特性を利用して電圧増幅器を構成することができる．本章では，トランジスタを用いた電圧増幅器の基本原理と，その際に重要なバイアス回路について述べる．

5.1 トランジスタ増幅器の基本原理

トランジスタは，ベース電流 I_B によってコレクタ電流 I_C を制御する一種の可変電流源であることを2章で述べた．そこで，トランジスタを可変電流源に対応させた図を図5.1に示す．このとき，I_B と I_C の比は β であり，1よりはるかに大きいので，トランジスタは電流を増幅することができる．よって，電流増幅回路を実現することは比較的容易であると考えられる．しかし，実用回路においては電圧信号を増幅する用途が多いため，トランジスタを使って電圧増幅する方法を考えねばならない．はたして，**可変電流源の性質をもつトランジスタを使って電圧増幅器が実現できるのだろ**うか．

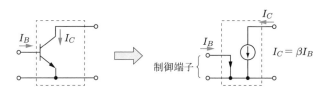

図 5.1 トランジスタの可変電流源表示

ここで電流源の特性についてもう一度振り返る．電流源は決められた電流を流し続ける電源であり，周りの回路やインピーダンスの影響は一切受けない．したがって，図5.2のように電流源に直列に抵抗を接続してもその動作に変わりはない．この結果，抵抗 R_C の電圧 V_o は

$$V_o = R_C I_C = (R_C \beta) I_B \tag{5.1}$$

となり，電流 I_B に比例した電圧となる．さらに，I_B と入力電圧 V_i が比例関係となるように可変電流源の制御端子と信号源 V_i の間に抵抗 R_B を挿入すれば，

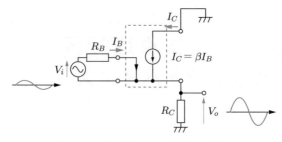

図 5.2 可変電流源を用いた電圧増幅器

$$I_B = \frac{V_i}{R_B} \qquad (5.2)$$

の関係が得られる．ただし，制御端子の入力インピーダンスはゼロであるとする．この結果，出力電圧は，式 (5.1)，(5.2) から

$$V_o = \left(\frac{R_C}{R_B}\right)\beta V_i = A_V V_i \qquad (5.3)$$

となる．ただし，

$$A_V = \left(\frac{R_C}{R_B}\right)\beta \qquad (5.4)$$

である．

・よって，図 5.2 は入力電圧 V_i を A_V 倍増幅する電圧増幅器となる．

　以上の考えに基づいて作られたトランジスタ増幅器の基本回路が図 5.3 である．ここでは，トランジスタが可変電流源に対応し，これに直列に抵抗 R_C を接続して電圧増幅を行う．入力電圧に比例したベース電流を生成する回路は後ほど説明するとして，ここでは何らかのベース電流を流す回路がベース端子に接続されているものとみなす．また，トランジスタを駆動させるために直流電源 V_{CC} が必要である．図 5.2 と対応させると，トランジスタと抵抗 R_C の位置が入れ替わっている．これは，回路を構成する際に，エミッタ端子がグランド側であるほうが容易となるからである．また，出

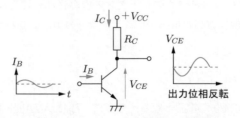

図 5.3 トランジスタ増幅器の基本回路

力電圧もグランド基準で取り出すほうが便利であるため，ここでは V_{CE} を出力電圧とする．この結果，出力端子の電圧変動はベース電流の変動に対して位相が反転する．

ここで，もう一つ忘れてならないことは，トランジスタの電流極性である．図 5.1 の電流源は理想特性を仮定したので正負の電流を流すことができたが，実際のトランジスタは一方向にしか電流を流すことができない．したがって，交流信号をそのまま入力しても半周期しか増幅することができない，

5.1.1 バイアスの必要性

そこでトランジスタを使って交流信号を増幅する場合，信号電流に振幅以上の直流成分を加えてかさ上げをし，流れを一方向にする．この状態で増幅し，最終段階で直流成分を除去すれば交流信号の増幅が可能となる．この直流成分を**バイアス**とよび，交流信号の振動の中心点であることから**動作点**ともいう．

では，3 章で述べた図式解法を使って，図 5.3 の回路動作を説明する．まず，入力信号がなく，バイアスのみの場合，電流・電圧はどうなるだろうか．そこで，図 5.3 の出力側（コレクタ – エミッタ側）回路についてトランジスタの非線形特性を無視して回路方程式を立てると，

$$V_{CC} = R_C I_C + V_{CE} \tag{5.5}$$

$$I_C = -\frac{V_{CE} - V_{CC}}{R_C} \tag{5.6}$$

が得られる．この式はトランジスタ特性を考慮しておらず，それ以外の抵抗と電圧源によって制限される電流・電圧の関係を示している．これを**負荷直線**という．実際に回路を流れる電流・電圧は式 (5.6) の関係以外にトランジスタ特性を満足しなければならない．両者を満足する関係は，図 5.4 に示したようにトランジスタ特性平面に式 (5.6) を描いたときの交点 (V_{CEQ}, I_{CQ}) であり，これが動作点となる．たとえば，ベース電流が $I_B = 0.2\,\mathrm{mA}$ であったとすると，これに対応したトランジスタ特性と負荷直線の交点がバイアス電流 I_{CQ} とバイアス電圧 V_{CEQ} となる．

つぎに，交流信号が重畳されたときを考える．I_B が $0.2\,\mathrm{mA}$ を中心に $0.1\,\mathrm{mA}$ の振幅で正弦波状に振動することを考える．すると，I_B は $0.1\,\mathrm{mA}$〜$0.3\,\mathrm{mA}$ の範囲で周期的に変動するのでトランジスタ特性も変化し，交点は (V_{CEQ}, I_{CQ}) を中心に負荷直線上の斜面を上下する．この交点を追跡し，I_C 軸，V_{CE} 軸に投影したものがトランジスタの動作波形となる．

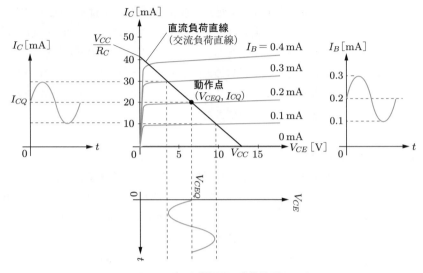

図 5.4　トランジスタ増幅器の動作波形とバイアス

5.1.2　バイアスの位置

　前項でトランジスタ増幅器においてバイアスは不可欠であることを述べた．では，この値をいくらに設定すればよいだろうか．前述のように交流信号はバイアスを中心に変動するので，バイアスの設定が極端に偏っていると，信号歪みが生じやすい．以下，その理由について述べる．

　交流信号は動作点を中心に負荷直線上を変化するが，このときの I_C および V_{CE} は負荷直線によって変動範囲が制限される．図 5.4 の例で考えると，I_C の範囲はトランジスタの飽和領域を無視すると $0 \sim V_{CC}/R_C$ であり，V_{CE} は，$0 \sim V_{CC}$ である．ここで，もしバイアスを負荷直線の下方に設定した場合，図 5.5 (a) に示すように I_B が谷の部分で 0 に達し，それ以上流れず，I_C および V_{CE} 波形が歪む．逆に，バイアスが

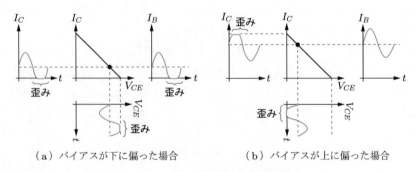

（a）バイアスが下に偏った場合　　　（b）バイアスが上に偏った場合

図 5.5　バイアスが偏った動作波形

負荷直線の上方に位置したとすると，図5.5（b）に示すように I_B が山の部分で I_C が飽和し，やはり波形歪みを起こす.

　以上のことからバイアスはあまり小さくとも，また大きくとも**信号歪みを生じやす**いので，信号の最大振幅を考慮して歪みが生じないバイアスを選ばなければならない.このため，単純に図5.4の負荷直線の中心に設定する考え方もあるが，これが必ずしも最適とは限らない．なぜなら，実際のトランジスタの諸特性はバイアスによって変化するからである．たとえば，トランジスタがどの程度高い周波数まで増幅できるかを示す周波数特性は I_{CQ} によって変化し，また，発生するノイズがどの程度周波数に依存するかを示す周波数特性（雑音特性）も変化する．困ったことに最適な周波数特性が得られる I_{CQ} と最適な雑音特性の I_{CQ} は値が異なり，実際の製品の種類によっても変わる．したがって，どのような特徴の増幅器を実現したいのか，どの程度の信号レベルを扱うのかなど増幅器の仕様を明確化し，その特徴に適したトランジスタとバイアスの選定をしなければならない．よって，内容が実務的となるので具体的なバイアス選定方法については実用書に譲り，ここでは省略する.

5.1.3　接地方式

　トランジスタが3端子構造であるのに対して，増幅器は入力端子1対と出力端子1対の計4本の端子を備える．このため，トランジスタの3端子が増幅器の4端子に対応するには，回路内部でトランジスタ端子1本を共通にしなければならない．この共通端子を**接地端子**といい，どの端子が共通となる（接地される）かによって，図5.6に示す3通りの接地方式がある.

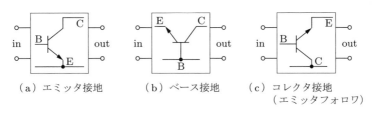

（a）エミッタ接地　　（b）ベース接地　　（c）コレクタ接地
　　　　　　　　　　　　　　　　　　　　（エミッタフォロワ）

図5.6　**各種接地方式**

　同じトランジスタを使っても接地方式によって増幅器の特徴が異なり，大まかにその特徴を示すと表5.1となる．ベース接地方式とコレクタ接地方式は特殊な用途の増幅器として利用され，一般にはエミッタ接地増幅器が広く活用される．先の図5.3の回路はエミッタ接地増幅回路である．ただし，この図にはバイアスを供給する回路やそれを増幅後除去する部分が含まれていないので，次項でより実用的なエミッタ接地増幅器について述べる.

表 5.1　各種接地方式の特徴

	エミッタ接地	ベース接地	コレクタ接地 （エミッタフォロワ）
特徴	電流増幅率　大 電圧増幅率　大 入力抵抗　　中 出力抵抗　　中	電流増幅率　1 電圧増幅率　大 入力抵抗　　小 出力抵抗　　大	電流増幅率　大 電圧増幅率　1 入力抵抗　　大 出力抵抗　　小
主な用途	汎用増幅器	高周波増幅器	バッファ （インピーダンス変換器）

5.1.4　エミッタ接地増幅器

　図 5.7 により実用的なエミッタ接地増幅器を示す．この増幅器は入力電圧 V_S を増幅し，出力端子に接続された負荷抵抗 R_L に電力を供給する回路であり，入出力ともに交流信号である．また，出力電圧の位相が反転する特徴がある．この増幅器の詳細な解析については 6 章で述べるとして，ここではまず，動作の概略を図式解法を用いて説明する．

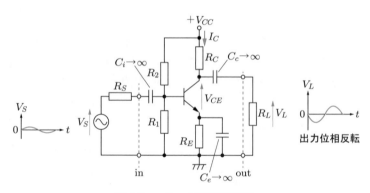

図 5.7　エミッタ接地増幅回路

　増幅器には交流電源と直流電圧源が接続されているので，トランジスタにも交流電流と直流電流が流れる．ここでは，それぞれの成分の働きを分離して考える．なぜなら，回路内部には大容量コンデンサ C_i, C_c, C_e が含まれており，これは交流を通過させ，直流を阻止する働きがある．このため，直流と交流では電流経路が変わり，その結果，各成分に対する回路の働きが変わるからである．そこで，直流成分，交流成分それぞれから見た回路を描き直す．

　まず，直流成分について考えると，図 5.7 のコンデンサは開放とみなすことができるので，図 5.8（a）のように描き換えることができる．図 5.8（b）は図 5.8（a）にテブナンの定理を適用すると得られる．ここで，

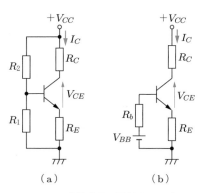

図 5.8 直流成分に関係する回路

$$V_{BB} = \frac{R_1}{R_1 + R_2} V_{CC} \tag{5.7}$$

$$R_b = R_1 /\!/ R_2 = \frac{R_1 R_2}{R_1 + R_2} \tag{5.8}$$

である. この図からベース–エミッタ側回路の V_{BB}, R_b, R_E がベース電流を決定し,この結果, バイアス電流 I_{CQ} が決まると考えられる. バイアスは回路の使用目的, 設計目標に合わせて決定される. ここでは, 仮にベース電流が $I_B = 0.2\,\mathrm{mA}$ に選ばれたとする. つぎに, 図 5.8（b）からコレクタ–エミッタ側回路について回路方程式を立てると,

$$\begin{aligned} V_{CC} &= R_C I_C + V_{CE} + R_E I_E \\ &\approx (R_C + R_E) I_C + V_{CE} \end{aligned} \tag{5.9}$$

が得られる. この式は回路中の直流電流と電圧の関係を示したもので, **直流負荷直線**という. これをトランジスタ単体の電気特性上に描いたものが図 5.9（a）である. 増幅器の直流成分は必ずこの直流負荷直線上に存在し, $I_B = 0.2\,\mathrm{mA}$ のときの動作点は,$I_B = 0.2\,\mathrm{mA}$ に対応したトランジスタ特性との交点 (V_{CEQ}, I_{CQ}) となる.

　続いて交流成分について考える. 交流成分についてはコンデンサと直流電源を素通りするのでこれらを短絡して考えると, 図 5.10（a）となり, これを整理して図 5.10（b）が得られる. この図からそれぞれの交流成分（変動分）の関係式は

$$v_{ce} = -(R_C /\!/ R_L) i_c \tag{5.10}$$

となる.

　ここで注意したいのは, この図 5.10（b）に記された電圧および電流はあくまでも変化分であり, 瞬時値 V_{CE}, I_C から直流成分 V_{CEQ}, I_{CEQ} を差し引いた値である. す

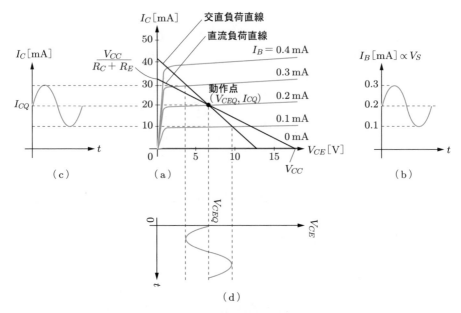

図 5.9　エミッタ接地増幅器の図式解法

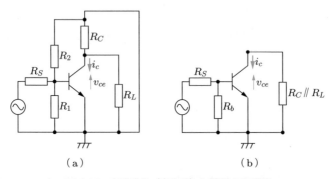

図 5.10　交流成分（変化分）に関係する回路

なわち,

$$v_{ce} = V_{CE} - V_{CEQ}, \qquad i_c = I_C - I_{CQ} \tag{5.11}$$

の関係がある. 式 (5.11) を式 (5.10) に代入することにより

$$I_C - I_{CQ} = -\frac{1}{R_C \mathbin{/\!/} R_L}(V_{CE} - V_{CEQ}) \tag{5.12}$$

が得られる. この式は点 (V_{CEQ}, I_{CQ}) を通る傾き $-1/(R_C \mathbin{/\!/} R_L)$ の直線であるから, 図 5.9 (a) のように描くことができる. この直線を**交流負荷直線**といい, 交流信号は

交流負荷直線上を動く．この変化の中心点は動作点 (V_{CEQ}, I_{CQ}) である．

いま，ベース電流 I_B が図 5.9（b）であったとすると，$I_B = 0.3\,\text{mA}$ と $0.1\,\text{mA}$ に対応したトランジスタ特性との交点を最大振幅として交流負荷直線上を動くので，この軌跡を I_C 軸，V_{CE} 軸に投影することによって各部波形が得られる．注意したいのは，負荷直線の傾きが負であるため電流の増加とともに電圧は低下し，この結果，電流波形に対して電圧波形は位相反転することである．

5.1.5 ベース‒エミッタ回路の定数決定

図 5.8（b）からベース‒エミッタ側回路部分を抜き出したのが図 5.11 である．バイアス電流の大きさはこの回路で決まる．トランジスタのベース‒エミッタ間は pn 接合であり，ダイオードと同様な特性を示す．ここで pn 接合の内部抵抗を無視すれば，ベース‒エミッタ間電圧 V_{BE} はおよそ $0.6\sim0.7\,\text{V}$ の電圧源で等価表現できるので，これを考慮して図を描き直すと図 5.12 で表すことができる．これから回路方程式を立てると，

$$V_{BB} = R_b I_B + V_{BE} + R_E I_E \tag{5.13}$$

となる．ここで，トランジスタの関係式

$$I_E = I_B + I_C, \qquad I_C = \beta I_B$$

を用いて式 (5.13) の I_B，I_E を消去し，$\beta \gg 1$ と一般に $V_{BB} \gg V_{BE}$ であることを考慮すれば，

$$I_C = \frac{V_{BB} - V_{BE}}{\dfrac{R_b + R_E}{\beta} + R_E} \approx \frac{V_{BB} - V_{BE}}{R_E} \approx \frac{V_{BB}}{R_E} \tag{5.14}$$

となる．この式よりバイアス電流 I_C はエミッタ抵抗 R_E と V_{BB} でほぼ決まることがわかる．V_{BB} は式 (5.7) が示すとおり電源電圧 V_{CC} および R_1，R_2 で決まるが，通常 V_{CC} は $5\,\text{V}$ や $12\,\text{V}$ など代表的な値が選ばれるため，実質 R_1 と R_2 によってバイアス電流を決定する．

図 5.11　ベース‒エミッタ側回路

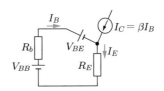

図 5.12　ベース‒エミッタ側等価回路

5.2.1 抵抗 R_E の働き

図5.7のトランジスタ増幅器において抵抗 R_E は重要な働きを担っている．それは**バイアスの安定化**である．トランジスタは非線形素子であるため増幅器の目的に合わせてバイアスを決定し，その近傍を直線近似によって線形回路とみなして動作を考える．しかし，このときの**小信号等価回路**の定数はバイアスに大きく依存する部分があり，何らかの原因でバイアスが変化すると特性も変わる．また，残念なことに半導体の電気特性は温度依存性が高く，温度上昇によって抵抗値が下がるなど何らかの特性変化を起こす．トランジスタの場合，ベース－エミッタ間電圧 V_{BE} が温度によって変化する．また，トランジスタはベース層を薄くすることで増幅作用を得るが，その調整が難しく，たとえ同一品種であっても個々の電流増幅率 β にばらつきがある．

このため，温度などの外部環境変化の影響を受けず，また，β のばらつきにも左右されないバイアス設定方法が望まれる．その役目を果たすのが抵抗 R_E である．次項では，バイアスの安定性について詳しく述べる．

5.2.2 感度解析

式 (5.14) が示すようにバイアス電流 I_C は V_{BE} と β の関数であるから，それぞれの変化が I_C にどう影響するかを調べる．各変動成分 ΔV_{BE}，$\Delta \beta$ とコレクタ電流の変動 ΔI_C との関係は，変化が小さいとして1次近似すると，

$$\Delta I_C = S_V \Delta V_{BE} + S_\beta \Delta \beta \tag{5.15}$$

で表すことができる．S_V，S_β をそれぞれ V_{BE} と β の**感度関数** (sensitivity function) という．

感度関数は近似前の式 (5.14) をそれぞれの変数で偏微分することによって得られ，この値が小さいほど，変動の影響は少ないといえる．

まず，V_{BE} の感度関数 S_V は

$$S_V = \frac{\partial I_C}{\partial V_{BE}} = -\frac{1}{\dfrac{R_b + R_E}{\beta} + R_E} \tag{5.16}$$

である．ここで，

$$\frac{R_b + R_E}{\beta} \ll R_E \tag{5.17}$$

ならば，

$$S_V \approx -\frac{1}{R_E} \tag{5.18}$$

となる．したがって，R_E を大きくすれば式 (5.18) もゼロに近づき，V_{BE} の変動による影響を抑えることができる．

同様に，β の感度関数 S_β は，近似前の式 (5.14) を β について偏微分することで得られ，

$$S_\beta = \frac{\partial I_C}{\partial \beta} = \frac{-(V_{BB} - V_{BE})}{\left(\dfrac{R_b + R_E}{\beta} + R_E\right)^2} \cdot \frac{-(R_b + R_E)}{\beta^2}$$

$$= \frac{V_{BB} - V_{BE}}{\dfrac{R_b + R_E}{\beta} + R_E} \cdot \frac{1}{\beta} \cdot \frac{\dfrac{R_b + R_E}{\beta}}{\dfrac{R_b + R_E}{\beta} + R_E} = \frac{I_{CQ}}{\beta} \cdot \frac{\dfrac{R_b + R_E}{\beta}}{\dfrac{R_b + R_E}{\beta} + R_E} \tag{5.19}$$

となる．ただし，

$$I_{CQ} = \frac{V_{BB} - V_{BE}}{\dfrac{R_b + R_E}{\beta} + R_E} \tag{5.20}$$

であり，S_β は動作点 I_{CQ} を含む．ここで，式 (5.17) を満足するならば，

$$S_\beta \approx \frac{I_{CQ}}{\beta} \frac{(R_b + R_E)/\beta}{R_E} \tag{5.21}$$

となる．よって，R_E を大きくすれば感度係数 S_β が小さくなり，β のばらつきの影響を抑えることができる．

以上のことから，抵抗 R_E を大きく選ぶことによりトランジスタの特性変動によるバイアス変化を抑制し，安定した直流電流を供給することができる．

もし R_E がないとしたらどうなるか．これは式 (5.14) において $R_E = 0$ とおけばよい．すると，式 (5.14) は

$$I_C = \frac{V_{BB} - V_{BE}}{R_b} \beta \tag{5.22}$$

となる．したがって，V_{BE} および β の感度関数 S_V, S_β は

$$S_V = \frac{-\beta}{R_b} \tag{5.23}$$

$$S_\beta = \frac{V_{BB} - V_{BE}}{R_b} \tag{5.24}$$

となる．これは式 (5.18), (5.21) に比べ値が増大するので，バイアス電流 I_C は V_{BE} および β の変化に大きく左右される．

5.2.3　内部帰還

　前項では抵抗 R_E の役割を数式を使って定量的に表現したが，ここではその働きをもう少し別の角度から説明する．まずバイアス電流 I_C はベース‐エミッタ側回路図 5.12 で決まることを示したが，これをさらに等価的に描き直したものが図 5.13 である．ここで電圧源 V_E は $V_E = R_E I_E$ に従う可変電圧源であるとし，R_E の電圧降下を電圧源を使って等価的に表している．

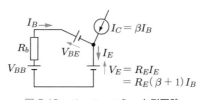

図 5.13　ベース‐エミッタ側回路

（1）V_{BE} 変動時の R_E の役割

　もし，あるバイアス電流 I_C が流れた状態で V_{BE} が少し減少したとすると，図 5.13 から I_B は増加しようとする．すると，I_B の $(\beta + 1)$ 倍の勢いで I_E が増加するため，急速に V_E が上昇し，I_B の増加を抑制する方向へ働く．この結果，I_C はほとんど変化しない．V_{BE} の増加に対しても I_B の減少を抑制する方向に働く．

（2）β 変動時の R_E の役割

　図 5.13 において，あるバイアス電流 I_C が流れた状態で β が増大すると，I_C も β の増加に比例して増大する．これにより I_E が増大し，これに比例して V_E が上昇する．その結果 I_B が減少し，I_C の増加を抑える．β が減少したときには I_B が増大し，I_C の減少を抑制する．

　以上の結果，エミッタ端子に抵抗 R_E を付加しただけで，回路パラメータの変動が起きてもバイアス電流の変化を抑制することができる．このようにある信号の変化を抑制する働きを**負帰還** (negative feedback) といい，その要素を自分自身の回路に内蔵しているものを**内部帰還**という．

これまで，バイポーラトランジスタ（以下トランジスタ）を用いた電圧増幅器について述べてきたが，2.4 節の FET を使っても同様に増幅器を実現できる．ここでは，MOSFET を使用した電圧増幅器について概説する．

まず，図 5.14 に MOSFET の記号とその等価回路を示す．図 5.1 のトランジスタは小さな電流により大きな電流を制御する可変電流源であり，このような制御素子を**電流制御電流源 (CCCS: current controlled current source)** という．一方，図 5.14（a）の MOSFET はゲート‐ソース電圧 V_{GS} によってドレイン電流 I_D を制御するもので，制御端子のゲートは構造上絶縁されているので電流が流れない．このような素子を**電圧制御電流源 (VCCS: voltage controlled current source)** という．注意してほしいのは，図 5.14（b）内の制御信号 v_{gs} およびドレイン電流 i_d は小文字で表記されており，直流成分を中心に変動する小信号成分を示していることである．

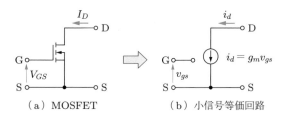

（a）MOSFET （b）小信号等価回路

図 5.14　**MOSFET の可変電流源表示**

図 5.15 は，MOSFET の V_{GS}–I_D 特性の一例を示している．V_{GS} が増加すると，その約 2 乗の割合で I_D が増加している．ここで，$V_{GS} = V_{GSQ}$（直流）とすれば，バイアス電流 I_{DQ} が生じる．続いて，V_{GSQ} に小信号 v_{gs} を加えると，V_{GS} は V_{GSQ} を中心に小さく変動する．これに連動してドレイン電流 I_D にも小信号 i_d が生じる．図 5.14（b）は，これら微小信号の関係のみに着目した小信号等価回路（3.2 節参照）で

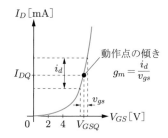

図 5.15　V_{GS}–I_D 特性と g_m の関係

ある．ここで，g_m はトランジスタの電流増幅率 β に相当するもので，

$$g_m = \frac{i_d}{v_{gs}} \tag{5.25}$$

で表される．これを**相互コンダクタンス** (mutual conductance) といい，単位は S（ジーメンス）である．g_m は，図 5.15 を見て明らかなように，バイアス近傍のグラフの傾きであり，その大きさはバイアスの位置によって大きく変化するため，注意が必要である．一方，トランジスタの電流増幅率 β は，能動領域においてほぼ一定値であるためバイアスにあまり依存しない．一般に g_m は β より小さいため FET 一つで大きな増幅率を得ることはできないものの，制御信号が電圧だけで済み，電流は流れない．よって，バイアス設定が容易になり，かつ入力インピーダンスが非常に大きな増幅器を実現することができる．

図 5.16 は MOSFET を用いた電圧増幅器の基本回路である．図 5.3 のトランジスタ増幅器と比べると，トランジスタを MOSFET に，入力信号をベース電流からゲート‐ソース電圧に置き換えただけである．トランジスタの場合，電圧信号を一旦ベース電流に変換する必要があったが，MOSFET の場合は，信号 v_{gs} を直接バイアス V_{GSQ} に加えるだけでよい．v_{gs} によって，ドレイン電流に変動成分 i_d が生じ，これが抵抗 R_D を通過して出力電圧 v_{ds} となるので，バイアス電圧 V_{GSQ} を中心に位相反転した信号が現れる．

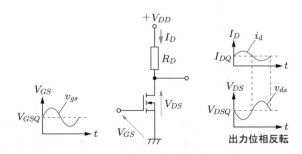

図 5.16　MOSFET 増幅器の基本回路

より実用的な構成を図 5.17 に示す．これはトランジスタのエミッタ接地増幅器（図 5.7）に相当し，トランジスタを MOSFET に置き換えただけの構成となっている．ソース側が交流的に接地されているので，ソース接地増幅器といわれる．詳細な解析は 6.5 節で述べるとして，ここでは基本動作を図式解法で述べる．基本的な流れは 5.1.4 項と同じである．

まず，図 5.17 の直流成分に対する回路は図 5.18 (a) となり，ゲート側は図 5.18 (b) に簡素化できる．このときのドレイン‐ソース側について回路方程式を立てると

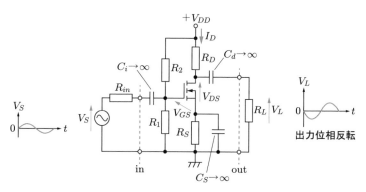

図 5.17　ソース接地増幅回路

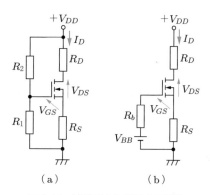

（a）　　　　　　　　　（b）

図 5.18　直流成分に関係する回路

$$V_{DD} = R_D I_D + V_{DS} + R_S I_D$$
$$= (R_D + R_S)I_D + V_{DS} \tag{5.26}$$

となり，直流負荷直線が得られる．

つぎに，図 5.17 の交流成分に対する回路が図 5.19（a）となり，さらに図 5.19（b）へと簡素化できる．図 5.19（b）から

$$v_{ds} = -(R_D /\!/ R_L)i_d \tag{5.27}$$

が得られるので，

$$v_{ds} = V_{DS} - V_{DSQ}, \qquad i_d = I_D - I_{DQ} \tag{5.28}$$

として式 (5.27) に代入すると，

$$I_D - I_{DQ} = -\frac{1}{R_D /\!/ R_L}(V_{DS} - V_{DSQ}) \tag{5.29}$$

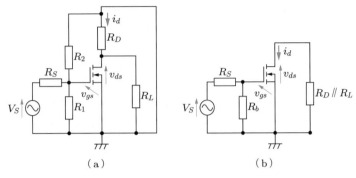

図 5.19 交流成分に関係する回路

となり，交流負荷直線が得られる．

　トランジスタの場合と同様に，式 (5.26), (5.29) を MOSFET の V_{DS}–I_D 平面に重ねて描き，V_{GS} に小信号 v_{gs} を加えた場合の動作波形が図 5.20 である．図 5.9 と比較すると，入力信号がベース電流からゲート－ソース電圧 v_{gs} になっており，$i_d = g_m v_{gs}$ の関係が成り立つ．g_m はバイアス電流 I_D に大きく依存することに注意しなければならない．

　バイアス電流 I_{DQ} を求めるには，図 5.18（b）のゲート－エミッタ側回路に着目する．まず，ゲートは絶縁されていて電流が流れないので，R_b の電圧降下はゼロである．

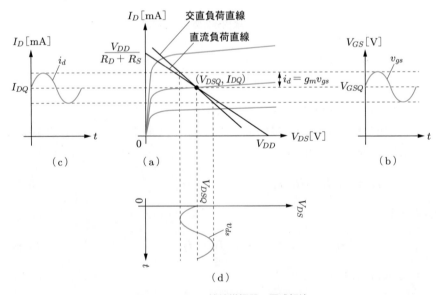

図 5.20　ソース接地増幅器の図式解法

したがって,

$$V_{GS} = V_{BB} - R_S I_D \tag{5.30}$$

が得られる. これを MOSFET の V_{GS}–I_D 平面に重ねて描いたものが図 5.21 であり, グラフの交点がバイアス電流 I_{DQ} となる. したがって, V_{BB} と R_S を調整して I_{DQ} を設定する. ここで, R_S はバイアス安定化の役割を果たしている. 仮に $R_S = 0$ とすると, 式 (5.30) は $V_{GS} = V_{BB}$ となり, V_{GS}–I_D 平面に描くと図 5.22 (a) となる. ここで, 温度変化により MOSFET の特性が図のように変化した場合, バイアス電流 I_{DQ} も大きく変動し, g_m に影響を与える. 一方, $R_S \neq 0$ の場合は, 図 5.22 (b) のようになり, I_{DQ} の変動幅を大きく抑えることができる.

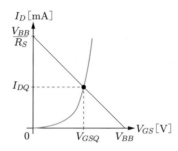

図 5.21 V_{GS} とバイアス電流 I_D

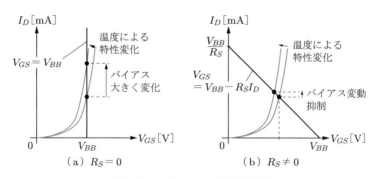

図 5.22 R_S によるバイアス安定化

以上, MOSFET を用いた増幅器について概説したが, JFET を用いた場合も同様に説明することができる. この場合, V_{GS} を負にする必要があるが, 式 (5.30) でわかるように, $V_{BB} < R_S I_D$ となるように調整すれば負電源が不要で, 回路構成が簡単となる.

演習問題

5.1 図 5.23 の回路をテブナンの定理を用いて簡略化せよ.

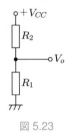

図 5.23

5.2 図 5.7 の回路について以下の問いに答えよ.

（a）直流負荷直線と交流負荷直線を求め，トランジスタの $V_{CE}-I_C$ 平面に図示せよ.

（b）無歪み最大振幅を得るための動作点についてその考え方を述べよ. また，動作点 (V_{CEQ}, I_{CQ}) を求めよ.

5.3 図 5.8（b）において $I_C = 10\,\mathrm{mA}$ となる V_{BB} を選定せよ. ただし，$R_b = 2\,\mathrm{k\Omega}$，$R_E = 0.5\,\mathrm{k\Omega}$，$V_{BE} = 0.7\,\mathrm{V}$，$\beta = 100$ とする.

5.4 図 5.8（b）において $V_{BB} = 5\,\mathrm{V}$ となるように R_1，R_2 の値を決めよ. ただし，$V_{CC} = 12\,\mathrm{V}$ とする.

5.5 図 5.24 で, $50 < \beta < 200$ とするとき，（a）$R_E = 0.01\,\mathrm{k\Omega}$ の場合，（b）$R_E = 0.2\,\mathrm{k\Omega}$ の場合のバイアス点の変動範囲を求めよ. ただし，$R_b = 2\,\mathrm{k\Omega}$, $V_{BB} = 5\,\mathrm{V}$, $V_{BE} = 0.7\,\mathrm{V}$ とする.

5.6 図 5.25 の回路について感度関数 $S_V = \dfrac{\partial I_C}{\partial V_{BE}}$ を求めよ.

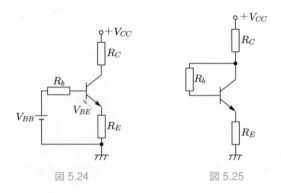

図 5.24　　　　　　図 5.25

6 トランジスタ増幅器 （小信号特性解析）

5章では，トランジスタ増幅器の動作を直流と交流に分離して考え，作図により動作波形を求めた．ここでは，信号の変動成分の関係を小信号等価回路を使って導き，増幅器の基本特性を数式を使って定量的に表す．その際にはトランジスタの小信号等価回路の導出が不可欠である．そこで，まずトランジスタの小信号等価回路について考察し，つぎに増幅器の全体特性について考える．

6.1 トランジスタの小信号等価回路

6.1.1 h パラメータ

トランジスタを小信号等価回路で表すとき，h パラメータが使われる．ここでは，h パラメータの意味について述べる．1章で述べたテブナンの定理は2端子の線形回路を電圧源とインピーダンスに等価変換するものだったが，図 6.1 のような4端子回路には使えない．増幅器は，入力端子と出力端子を備えた4端子回路であり，トランジスタも一つの端子を共通にすれば4端子構造とみなすことができる．このような4端子回路の簡略化表現の一つに h パラメータがある．h パラメータは任意の電源を含まない線形回路を図 6.2 の等価回路で表現する方法で，その関係は次式で表される．

$$V_i = h_i I_i + h_r V_o$$
$$I_o = h_f I_i + h_o V_o \tag{6.1}$$

ここで，各 h パラメータの意味は以下のとおりである．

- h_i：出力端子を短絡 $(V_o = 0)$ したときの入力インピーダンス $[\Omega]$.

$$h_i = \left. \frac{V_i}{I_i} \right|_{V_o=0} \tag{6.2}$$

図 6.1 4 端子回路
（2 端子対網）

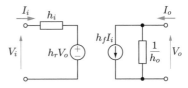

図 6.2 h パラメータを用いた
等価回路

- h_r：入力端子を開放 $(I_i = 0)$ したときの逆方向電圧利得［無次元］.

$$h_r = \left.\frac{V_i}{V_o}\right|_{I_i=0} \tag{6.3}$$

- h_f：出力端子を短絡 $(V_o = 0)$ したときの順方向電流利得［無次元］.

$$h_f = \left.\frac{I_o}{I_i}\right|_{V_o=0} \tag{6.4}$$

- h_o：入力端子を開放 $(I_i = 0)$ したときの出力コンダクタンス [S].

$$h_o = \left.\frac{I_o}{V_o}\right|_{I_i=0} \tag{6.5}$$

以上の四つの h パラメータは異種の単位が混在 (hybrid) していることから，記号 h が使われる.

6.1.2 トランジスタと h パラメータ

h パラメータ表現は便利であるが，あくまで線形回路にしか使えない．したがって，トランジスタに当てはめる場合は，動作点近くの狭い範囲を直線近似によって線形化してから，h パラメータを適用する．図 6.3 にエミッタ接地トランジスタを示す．ここで，ベース–エミッタ間を入力端子，コレクタ–エミッタ間を出力端子とし，動作点近傍に注目して h パラメータ表現する．注意したいのは，図 6.3 の電圧・電流記号はすべて微小な変動成分（交流）を示しているのであって，バイアスは含まれていないことである．このエミッタ接地トランジスタに対応させて h パラメータを改めて定義すると次式となり，等価回路は図 6.4 のようになる.

$$
\begin{aligned}
V_{be} &= h_{ie}I_b + h_{re}V_{ce} \\
I_c &= h_{fe}I_b + h_{oe}V_{ce}
\end{aligned} \tag{6.6}
$$

ここで，各 h パラメータはつぎの意味をもつ.

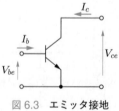

図 6.3 エミッタ接地
トランジスタ

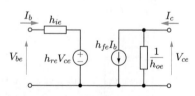

図 6.4 エミッタ接地トランジスタの
h パラメータ等価回路

- h_{ie}：出力端子を交流的に短絡 ($V_{ce} = 0$) したときの入力インピーダンス [Ω].

$$h_{ie} = \frac{V_{be}}{I_b}\bigg|_{V_{ce}=0} \tag{6.7}$$

- h_{re}：入力端子を交流的に開放 ($I_b = 0$) したときの逆方向電圧利得 [無次元].

$$h_{re} = \frac{V_{be}}{V_{ce}}\bigg|_{I_b=0} \tag{6.8}$$

- h_{fe}：出力端子を交流的に短絡 ($V_{ce} = 0$) したときの順方向電流利得 [無次元]. これまで使用してきた電流増幅率 β に対応する.

$$h_{fe} = \frac{I_c}{I_b}\bigg|_{V_{ce}=0} \tag{6.9}$$

- h_{oe}：入力端子を交流的に開放 ($I_b = 0$) したときの出力コンダクタンス [S].

$$h_{oe} = \frac{I_c}{V_{ce}}\bigg|_{I_b=0} \tag{6.10}$$

なお，ほかの接地方式の h パラメータと区別するため添え字に e（エミッタ）を付加している.

　トランジスタの h パラメータは，あくまで動作点近傍の特性を示しているにすぎない．図 6.5 はトランジスタ全体の電気特性を示したグラフである．h パラメータはそれぞれ図中に示したある動作点（直流）におけるグラフの傾きに対応している．この図からわかるように，四つのパラメータのうち h_{oe} と h_{re} は値が小さいため無視しても実質問題とならない．したがって，図 6.4 の等価回路はさらに簡略化され，図 6.6

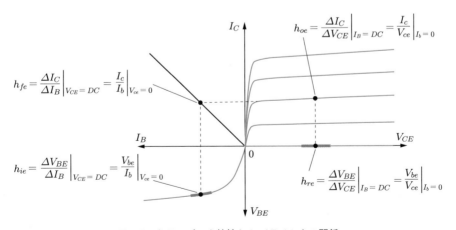

図 6.5　トランジスタ特性と h パラメータの関係

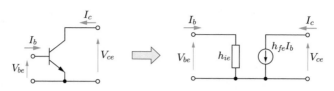

図 6.6　簡略化したトランジスタ等価回路（エミッタ接地）

となる．図 6.5 からわかるように，h_{fe} はトランジスタの電流増幅率 β のことであり，バイアスによらずほぼ一定である．一方，h_{ie} はバイアスに大きく依存して変化する．

　以上をまとめると，エミッタ接地トランジスタの小信号等価回路は最終的に図 6.6 で表現されるので，今後登場するトランジスタ増幅器の小信号解析にはこの等価回路を用いる．

6.2　エミッタ接地トランジスタ増幅器の特性解析

6.2.1　増幅器の小信号等価回路

　6.1 節で，非線形特性のトランジスタも h パラメータを使った小信号等価回路に変換できることを示した．それでは，さっそくエミッタ接地トランジスタ増幅器の特性を小信号等価回路を使って求める．

　対象とする増幅器は図 5.7 と同じであるが，説明のため同じ図を図 6.7 に示す．ここで，信号源 V_S の出力インピーダンスを R_S，増幅器の負荷を R_L とする．小信号等価回路のパラメータを知るには動作点を調べる必要があるが，ここではすでにバイアスは得られたものとし，変動分に関する関係を導出する．

　まず，変動分（交流信号）に対して図 6.7 の回路は図 6.8 に描き換えることができ

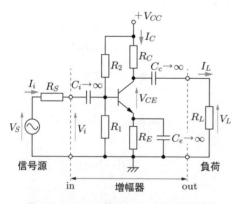

図 6.7　エミッタ接地トランジスタ増幅器

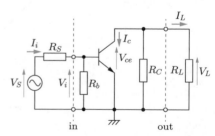

図 6.8　交流成分のみを考慮した回路

る．これも 5 章の交流成分から見た回路図 5.10 と同じである．ここで，各変数は微小な交流信号を示している．

　続いて，トランジスタの記号部分を h パラメータを使った小信号等価回路（図 6.6）に置き換えると，図 6.9 が得られる．ここまで変換すると，回路は完全に線形回路となり，電気回路の定理や考え方で解くことができる．

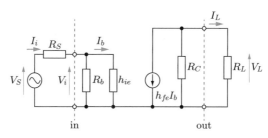

図 6.9　エミッタ接地トランジスタ増幅器全体の
小信号等価回路

6.2.2　増幅器の特性

　一般に増幅器の特性として把握すべき事項は，

（1）電圧増幅率（電圧利得）　$A_V = V_L/V_i$
（2）電流増幅率（電流利得）　$A_i = I_L/I_i$
（3）入力インピーダンス　$R_i = V_i/I_i$
（4）出力インピーダンス　$R_o = V_o/(-I_L)$（ただし $V_i = 0$ とする）

である．では，各特性を図 6.9 から導出する．

（1）増幅器の電圧増幅率 A_V

　電圧増幅率 A_V は

$$A_V = \frac{V_L}{V_i} = \frac{I_b}{V_i} \cdot \frac{V_L}{I_b} \tag{6.11}$$

と表現できる．ここで，図 6.9 より

$$I_b = \frac{1}{h_{ie}} V_i \tag{6.12}$$

$$V_L = (R_C /\!/ R_L)(-h_{fe}I_b) \tag{6.13}$$

となる．式 (6.12)，(6.13) を式 (6.11) に代入すれば，

$$A_V = \frac{1}{h_{ie}}(-h_{fe})(R_C /\!/ R_L) = -\frac{h_{fe}}{h_{ie}} \frac{R_C R_L}{R_C + R_L} \tag{6.14}$$

が得られる．ここで，$R_C \gg R_L$ ならば，

$$A_V \approx -\frac{h_{fe}}{h_{ie}} R_L \tag{6.15}$$

となる．

（2）増幅器の電流増幅率 A_i

同様に電流増幅率 $A_i = I_L/I_i$ について求めると，

$$A_i = \frac{I_L}{I_i} = \frac{I_b}{I_i} \cdot \frac{I_L}{I_b} \tag{6.16}$$

と表現できる．ここで，図 6.9 より

$$I_b = \frac{R_b}{R_b + h_{ie}} I_i \tag{6.17}$$

$$I_L = \frac{R_C}{R_C + R_L}(-h_{fe}I_b) \tag{6.18}$$

となる．したがって，

$$A_i = \frac{R_b}{R_b + h_{ie}}(-h_{fe}) \frac{R_C}{R_C + R_L} \tag{6.19}$$

が得られる．ここで，$R_b \gg h_{ie}$，$R_C \gg R_L$ ならば，

$$A_i \approx -h_{fe} \tag{6.20}$$

となる．

（3）増幅器の入力インピーダンス R_i

入力インピーダンスとは，増幅器の入力端子から増幅器側を見た合成インピーダンスであり，図 6.9 から

$$R_i = R_b /\!/ h_{ie} = \frac{R_b h_{ie}}{R_b + h_{ie}} \tag{6.21}$$

が得られる．ここで，$R_b \gg h_{ie}$ ならば，

$$R_i \approx h_{ie} \tag{6.22}$$

となる．

（4）増幅器の出力インピーダンス R_o

　出力インピーダンスとは，増幅器の出力端子から増幅器側を見た合成インピーダンスであり，測定の際には入力側の信号源をゼロとする．すなわち，交流入力 $V_S = 0$ における出力端子側から見た増幅器のインピーダンスである．

　$V_S = 0$ とは交流信号を入力しないことであり，したがってベース電流の変動成分 I_b も 0 である．よって，図 6.9 の出力側の回路は図 6.10 へと描き換えることができる．この図から

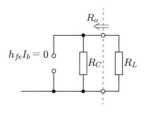

図 6.10　出力インピーダンス導出時の出力側等価回路

$$R_o = R_C \qquad (6.23)$$

がすぐに得られる．

6.3　交流信号の内部帰還による増幅率設定

　以上の結果から，図 6.7 の増幅器の特性が式 (6.15)，(6.20)，(6.22)，(6.23) として得られた．この中でとくに電圧利得 A_V は，電圧増幅器にとって重要な要素である．これを示す式 (6.15) にはトランジスタ固有のパラメータ h_{ie}，h_{fe} が含まれているので，A_V は個々のトランジスタ特性に大きく影響を受ける，とくに h_{fe} は同種の製品でもばらつきが大きいため，このまま同じ回路を作っても増幅率にばらつきが生じ問題となる．

　そこで，5 章で述べた内部帰還の考え方を交流信号にも当てはめ，増幅率の安定化をはかる．そのためには，図 6.7 の C_e を除去する．こうすると交流信号も R_E を通過するので，内部帰還はバイアスのみならず交流信号に対しても作用し，増幅率のばらつきを抑制することができる．

　いま，図 6.7 の C_e を除去し，交流成分に対する回路を描くと図 6.11 となる．これに図 6.6 のトランジスタ小信号等価回路を当てはめれば，図 6.12（a）となり，さらには図（b）へと変換できる．図（a）から（b）への等価変換については 1 章の等価回路，

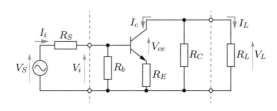

図 6.11　交流成分から見た増幅回路

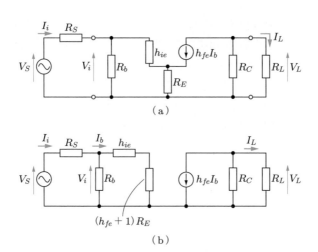

（a）

（b）

図 6.12　増幅器全体の小信号等価回路

図 1.26 を参照してほしい．ここで，図 6.12（b）から改めて A_V，A_i，R_i，R_o を導出すると，

$$A_V = \frac{1}{h_{ie} + (h_{fe} + 1)R_E}(-h_{fe})(R_C /\!/ R_L) \approx -\frac{1}{R_E}\frac{R_C R_L}{R_C + R_L}$$

(6.24)

$$A_i = \frac{R_b}{R_b + h_{ie} + (h_{fe} + 1)R_E}(-h_{fe})\frac{R_C}{R_C + R_L} \approx -\frac{R_b}{R_E}\frac{R_C}{R_C + R_L}$$

(6.25)

$$R_i = R_b /\!/ \{h_{ie} + (h_{fe} + 1)R_E\} \approx R_b$$ (6.26)

$$R_o = R_C$$ (6.27)

が得られる．ただし，

$$h_{fe} \gg 1, \quad h_{fe} + 1 \approx h_{fe}$$

$$h_{ie}, R_b \ll (h_{fe} + 1)R_E$$

であるとする．

　この結果，電圧増幅率は式（6.24）に示すようにほぼエミッタ抵抗 R_E，コレクタ抵抗 R_C および負荷抵抗 R_L で決まり，h_{fe} などのばらつきの影響をほとんど受けない．これは，抵抗 R_E の内部帰還によってばらつきの影響を抑制しているからである．ほかの増幅器特性もほぼトランジスタの h パラメータを含まない式となり，安定した特性を得ることができる．

6.4 トランジスタ増幅器の周波数特性

これまでの議論において，増幅器の電圧利得 A_V や電流利得 A_i は信号周波数によらず常に一定であると考えた．しかし，一般の電圧増幅器では，図 6.13 に示すように低周波信号と高周波信号に対して電圧利得が低下する現象が起こる．この理由について以下で簡潔に述べる．

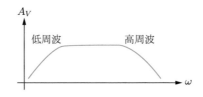

図 6.13　一般的な電圧増幅器の周波数特性

6.4.1　低域周波数の利得低下

改めてエミッタ接地電圧増幅器を図 6.14 に示す．低域周波数における電圧利得の低下は回路中のコンデンサ C_i，C_c，C_e のインピーダンスが無視できない場合に起こる．これまでコンデンサ容量は無限大と仮定したが，実際これを実現することは不可能で，有限の値となる．

（1）C_i の影響

周波数が低下すると C_i のインピーダンス Z_i が大きくなるため，同じ電圧 V_S に対して増幅器の入力電流 I_i が減少する．このため，ベース電流，コレクタ電流も減少し，出力電圧が低下する．この結果，電圧利得が下がる．

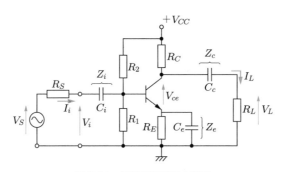

図 6.14　低域利得低下の要因

（2）C_c の影響

C_c のインピーダンス Z_c が無視できない場合，トランジスタ電圧 V_{ce} は負荷 R_L と Z_c によって分圧される．Z_c は周波数が低いほど大きくなるので，出力電圧 V_L が低下し，電圧利得が下がる．

（3）C_e の影響

C_e のインピーダンス Z_e が無視できない場合，抵抗 R_E を完全に短絡することができず，交流信号に対しても内部帰還が働く．この結果，出力変動が抑えられ，相対的に電圧利得が下がる．

よって，低周波では，C_i，C_c，C_e いずれのコンデンサの影響も電圧利得を下げていることがわかる．

6.4.2　高域周波数の利得低下

高域周波数ではコンデンサのインピーダンスが十分小さいので，6.4.1 項の影響は現れない．しかし，周波数が高くなるとトランジスタ単体の電流増幅率が低下し，増幅器の利得を低下させる．ここで，トランジスタの 3 端子構造をより正確に表すと図 6.15 の等価回路となる．ここで，C_{be}，C_{bc} はそれぞれベース‐エミッタ間およびベース‐コレクタ間の**寄生容量** (stray capacity) を表す．通常，この値は非常に小さいので無視することができ，これらを除去すると図 6.6 の等価回路と一致する．しかし，高周波に対しては，C_{be}，C_{bc} のインピーダンスが低下し，本来 h_{ie} に流れるべき電流 I_b が C_{be} や C_{bc} を経由して漏れるため，等価的な増幅率が低下する．とくに利得の高い電圧増幅器においては，C_{bc} が見かけ上大きな容量となる現象が起きる．これを**ミラー効果** (Miller effect) という．ミラー効果が起こると，高周波電流の大部分が C_{bc} を経由して逃げるので，高域特性を著しく低下させる要因となる．

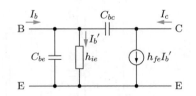

図 6.15　寄生容量を考慮したトランジスタの小信号等価回路

FET 増幅器の特性解析

FET を用いた増幅器についてもバイポーラトランジスタと同様に解析できる．ここでは，図 5.17 のソース接地増幅器を対象とする．図 6.16 は，MOSFET の小信号等価回路である．5.3 節で述べたように MOSFET は電圧制御電流源であり，ゲート端子に電流が流れないので等価的に開放状態となる．ここで使用する記号 V_{gs}, V_{ds}, I_d はすべて小信号であることに注意する．

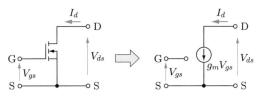

図 6.16　MOSFET の小信号等価回路

つぎに，図 5.17 の回路において交流成分のみを考慮すると図 6.17 が得られ，さらに MOSFET を図 6.16 の等価回路に置き換えると図 6.18 が得られる．以下，基本特性を導出する．

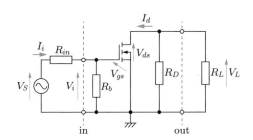

図 6.17　図 5.17 の回路で交流成分のみ考慮した回路

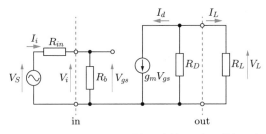

図 6.18　ソース接地 FET 増幅器全体の小信号等価回路

（1）増幅器の電圧増幅率 A_V

電圧増幅率 A_V は

$$A_V = \frac{V_L}{V_i} = \frac{V_{gs}}{V_i} \cdot \frac{V_L}{V_{gs}} \tag{6.28}$$

と表現でき，図 6.18 より

$$V_{gs} = V_i \tag{6.29}$$

$$V_L = -g_m V_{gs}(R_D /\!/ R_L) \tag{6.30}$$

である．式 (6.29)，(6.30) を式 (6.28) に代入すると，

$$A_V = -g_m(R_D /\!/ R_L) \tag{6.31}$$

となる．

（2）増幅器の電流増幅率 A_i

同様に，電流増幅率 A_i は

$$A_i = \frac{I_L}{I_i} = \frac{V_{gs}}{I_i} \cdot \frac{I_L}{V_{gs}} \tag{6.32}$$

と表現でき，図 6.18 より

$$V_{gs} = R_b I_i \tag{6.33}$$

$$I_L = -g_m V_{gs} \frac{R_D}{R_D + R_L} \tag{6.34}$$

である．したがって，

$$A_i = -g_m \frac{R_D}{R_D + R_L} R_b \tag{6.35}$$

が得られる．R_b は式 (5.8) で与えられるが，トランジスタ増幅器と異なり電圧を分圧するだけなので，絶対値を非常に大きく設定できる．

（3）増幅器の入力インピーダンス R_i

これは図 6.18 の入力端子から増幅器側を見た合成インピーダンスであるから，図 6.18 より

$$R_i = R_b \tag{6.36}$$

となる．したがって，入力インピーダンスの非常に大きな増幅器を実現できる．

（4）増幅器の出力インピーダンス R_o

6.2.2項（4）の場合と同様に，信号源 $V_S = 0$ とすると $V_{gs} = 0$ となるので，図6.18の電流源 $g_m V_{gs}$ も0となる．これは電流源を消して開放した状態に等しい．よって，出力端子から増幅器側を見た合成インピーダンスは R_D だけとなり，

$$R_o = R_D \tag{6.37}$$

が得られる．

6.3節と同様に，図5.17のコンデンサ C_S を除去し内部帰還を加えた場合の電圧増幅率 A_V を求める．この場合の交流成分を考慮した回路が図6.19である．これにMOSFETの小信号等価回路を適用すると，図6.20が得られる．

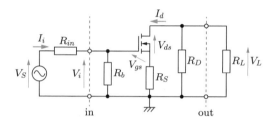

図 6.19　図5.17で C_S を除去し内部帰還を加えた回路で
交流成分のみ考慮した回路

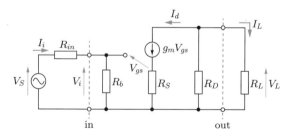

図 6.20　増幅器全体の小信号等価回路

ここで，V_{gs} は

$$\begin{aligned} V_{gs} &= V_i - R_S I_d \\ &= V_i - R_S g_m V_{gs} \end{aligned} \tag{6.38}$$

であることに注意する．この式より

$$\frac{V_{gs}}{V_i} = \frac{1}{1 + g_m R_S} \tag{6.39}$$

が得られる．以上のことから

$$A_V = \frac{V_L}{V_i} = \frac{V_{gs}}{V_i} \cdot \frac{V_L}{V_{gs}}$$

$$= \frac{1}{1 + g_m R_S} \cdot \{-g_m(R_D /\!/ R_L)\} \tag{6.40}$$

となる．ここで，$1 \ll g_m R_S$ であれば，

$$A_V \approx -\frac{R_D /\!/ R_L}{R_S} \tag{6.41}$$

となる．この結果，増幅率は g_m に影響されず，R_S，R_D および負荷抵抗 R_L で決まる．ほかの特性も同様に求めると，それぞれ以下のようになる．

$$A_i = -\frac{R_b}{1 + g_m R_S} \cdot \frac{R_D}{R_D + R_L} \tag{6.42}$$

$$R_i = R_b \tag{6.43}$$

$$R_o = R_D \tag{6.44}$$

FET 増幅器の周波数特性についても，6.4.1 項や 6.4.2 項の考え方がほぼ適用できる．ただし C_i の影響に関しては，FET のゲートインピーダンスが非常に大きいため，影響は小さい．高周波特性に関しても，ゲート‐ソース間およびゲード‐ドレイン間の寄生容量が存在するため，トランジスタ同様の利得低下が生じる．

演習問題

6.1 図 6.21（a）の回路を図（b）に等価変換する際の h パラメータを求めよ．

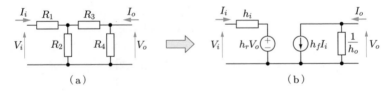

図 6.21

6.2 h パラメータが使えるのは線形回路であるが，なぜ非線形特性を有するトランジスタの等価回路に使用できるのか．その理由を述べよ．

6.3 トランジスタの h パラメータを測定するために交流的に短絡，開放しなければならないが，実際にこれをどのようにして実現するのかを述べよ．

6.4 図 6.7 の電圧増幅器において V_L/V_S を求めよ．

7 演算増幅器

演算増幅器はアナログ信号を処理する集積回路であるが，通常一つの回路素子と考える．一般に演算増幅器を単体で使用することはなく，必ずほかの回路部品と組み合わせてさまざまな機能を実現する．それゆえ，アナログ信号処理には必須かつ汎用性の高い回路素子である．ここでは，その基本特性と使い方，解析方法について述べる．

演算増幅器の基本特性

図 7.1（a）に演算増幅器（operation amplifier，通称**オペアンプ**）の記号を示す．3 端子構造であり，入力の反転端子，非反転端子，そして出力端子からなる．図 7.1（b）に入出力信号の関係を示す．出力端子には入力端子の差の電圧が増幅され出力される．記号は単純であるが，その内部は図 7.2 に示すように多くのトランジスタや抵抗で構成された集積回路である．内部では増幅器が多段接続されており，全体の電圧利得は

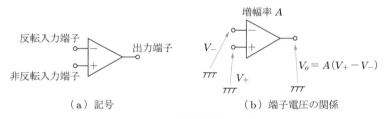

（a）記号 （b）端子電圧の関係

図 7.1　演算増幅器の記号

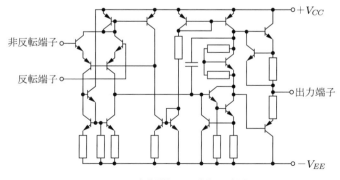

図 7.2　演算増幅器の内部回路例

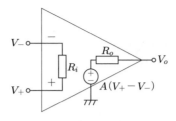

図 7.3　演算増幅器の内部等価回路

数万倍〜数十万倍にも達する．内部回路が複雑であるため，その詳細を理解しないと利用できないように感じられるが，我々がテレビの内部構造を理解せずに番組を観ることができるように，その基本特性と使い方を把握すれば十分である．そこで，入出力間の電気特性のみに注目し内部を等価表現したものが図 7.3 である．ここで，

A：電圧利得（増幅率）

R_i：入力インピーダンス

R_o：出力インピーダンス

である．したがって，半導体で構成された回路素子であっても，演算増幅器は線形素子とみなす．演算増幅器の理想特性は，

（1）入力インピーダンスが無限大 $(R_i \to \infty)$

（2）出力インピーダンスがゼロ $(R_o \to 0)$

（3）電圧利得が無限大 $(A \to \infty)$

であり，この特性に近づけるために内部構造が複雑となっている．

　理想特性（1），（2）については，電圧信号の送受信を減衰なく行うための条件であり，これを満たさない場合，信号伝達時の減衰を考慮しなければならない．理想特性（3）は増幅器を設計する立場で考えると過剰に感じられるが，これは，演算増幅器そのものが外部素子と組み合わせて目的の機能を実現するために必要な条件である．

　つぎに，これを理解するために重要な負帰還作用について述べる．

7.2　負帰還作用

　理想的ではない演算増幅器を用いた回路例を図 7.4 に示す．この回路は反転増幅器といわれる回路であるが，この場合に限らず一般に，演算増幅器の出力は何らかのインピーダンスを介して反転端子へ接続される．このため，出力電圧が変化すると，その影響は反転端子にも及び，これが結果的に出力電圧変化を抑制する方向へ働く．この働きを**負帰還作用**という．

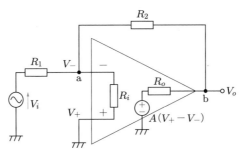

図 7.4 演算増幅器の回路例

たとえば図 7.4 の回路において，反転端子の電位 V_- がわずかに低下したとする．すると，電圧 $A(V_+ - V_-)$ は急増するので，その影響を受け反転端子の電位 V_- も上昇する．すると，電位差 $(V_+ - V_-)$ は減少し，出力電圧変化が抑制される．逆に V_- が増加した場合でも，入力端子間の電位差 $(V_+ - V_-)$ は減少する方向に働く．仮に電圧利得 A が無限大であれば，その差はゼロ，すなわち，

$$V_+ = V_- \tag{7.1}$$

となる．式 (7.1) を図 7.4 から実際に導いてみる．節点 a，b についてキルヒホッフの電流則を求めると，

$$\frac{V_i - V_-}{R_1} + \frac{V_o - V_-}{R_2} + \frac{V_+ - V_-}{R_i} = 0 \tag{7.2}$$

$$\frac{V_- - V_o}{R_2} + \frac{A(V_+ - V_-) - V_o}{R_o} = 0 \tag{7.3}$$

が得られる．式 (7.2)，(7.3) より V_o を消去し，V_+ と V_- の関係を求めると，最終的に以下の式が得られる．

$$V_- = \frac{\dfrac{1}{A}\left\{\dfrac{R_2}{R_1}\left(1 + \dfrac{R_o}{R_2}\right)\right\}V_i + \left\{1 + \dfrac{1}{A}\dfrac{R_2}{R_i}\left(1 + \dfrac{R_o}{R_2}\right)\right\}V_+}{1 + \dfrac{1}{A}\left\{-\dfrac{R_o}{R_2} + \left(1 + \dfrac{R_o}{R_2}\right)\left(1 + \dfrac{R_2}{R_1} + \dfrac{R_2}{R_i}\right)\right\}} \tag{7.4}$$

ここで $A \to \infty$ ならば，$V_- = V_+$ となり，式 (7.1) に一致する．

一般に A は数万から数十万程度と非常に大きいため，実用上は式 (7.1) を満足すると考える．以上の考えに基づき改めて式 (7.2) について考える．図 7.4 より

$$V_+ = 0 \tag{7.5}$$

である．式 (7.5) および式 (7.1) より $V_- = V_+ = 0$ となるので，

$$V_o = -\frac{R_2}{R_1} V_i \tag{7.6}$$

となる．注目すべきは，演算増幅器を用いた回路でありながら，関係式に利得 A が含まれず，外部素子の比によってのみ決まる点である．それゆえ，設計者側にとって増幅率 $A_V = |V_o/V_i|$ を任意に設定することが可能で，非常に汎用性が高まる．これが，利得 $A \to \infty$ を理想とする理由である．

また，$R_i \to \infty$ であれば，入力端子に電流が流れない．したがって，信号源の出力インピーダンスによる電圧降下が起こらず，減衰なしに電圧を入力できる．出力も同様に，任意の負荷に対して減衰なしに電圧を伝達するには $R_o \to 0$ であることが理想である．

以上の理由から，演算増幅器は理想特性を目指して設計されており，実際に，特殊用途を除いて，ほぼ理想特性を満足していると考えてよい．

7.3 演算増幅器を含む回路解析のコツ

演算増幅器を用いた回路を容易に理解するコツとして，以下の考えを用いる．

（1）演算増幅器を使用した回路で負帰還が施されていれば，必ず $V_+ = V_-$ となる（反転端子と非反転端子の電位は常に等しい）．

（2）入力インピーダンスは無限大であり，入力端子に電流は流れない．よって，キルヒホッフの電流則を考える場合，入力端子の電流は無視する．

これらの考えに従い，もう一度図 7.4 の回路について考える．

まず，考え方（1）に従って

$$V_- = V_+ = 0 \tag{7.7}$$

とする．続いて考え方（2）に従って，非反転入力端子の電流をゼロとし，節点 a についてキルヒホッフの電流則を考えると

$$\frac{V_i - V_-}{R_1} + \frac{V_o - V_-}{R_2} = 0 \tag{7.8}$$

となる．上の 2 式 (7.7)，(7.8) から式 (7.6) の結果がより簡単に得られる．増幅率 A_V は抵抗 R_1 と R_2 の比のみで決まり，任意に設定できる．

式 (7.7) は，節点 a の電位が直接接地していないにもかかわらずゼロであることを示している．この現象を**仮想接地**という．負帰還が施され，かつ非反転端子が接地されている場合，必ず反転端子は仮想接地となる．

7.4 演算増幅器を用いた各種回路

演算増幅器とほかの回路素子を組み合わせることによりさまざまな機能を実現することができる。その回路例をいくつか示す.

7.4.1 反転増幅器

図 7.5 に反転増幅器を示す。これは，7.2 節で登場した回路だが，名前が示すとおり入力信号の位相が反転し出力される。入出力電圧の関係は節点 a について回路方程式を立てることで得られる。図から点 a が仮想接地であることを考慮すると，回路方程式は

$$\frac{V_i}{R_1} + \frac{V_o}{R_2} = 0 \tag{7.9}$$

であり，

$$V_o = -\frac{R_2}{R_1} V_i \tag{7.10}$$

となる。よって，抵抗比を選ぶことで任意の増幅率を設定できる.

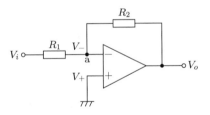

図 7.5　反転増幅器

7.4.2 非反転増幅器

図 7.6 に非反転増幅器を示す。まず，演算増幅器の入力端子の電位は

$$V_- = V_+ = V_i \tag{7.11}$$

である。また，節点 a に関して

$$\frac{0 - V_-}{R_1} + \frac{V_o - V_-}{R_2} = 0 \tag{7.12}$$

となる。式 (7.11)，(7.12) より

$$V_o = \left(1 + \frac{R_2}{R_1}\right) V_i \tag{7.13}$$

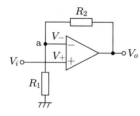

図 7.6 非反転増幅器

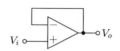

図 7.7 バッファ回路 (電圧フォロワ回路)

となる.

この式より出力は入力を非反転出力のまま増幅することができる. とくに $R_1 \to \infty$, $R_2 = 0$ とした場合, 式 (7.13) より

$$V_o = V_i \tag{7.14}$$

となり, 入力電圧がそのまま出力される特殊な増幅器となる. 図 7.7 にその回路を示す. これは電圧を増幅することはできないが, 信号源のインピーダンスを低下させる働きをもつ. このため, 内部インピーダンスの高い信号源を低インピーダンスにしたい場合に, よく使用される. これを**バッファ回路** (buffer) もしくは**電圧フォロワ回路**ともいう.

7.4.3 加算増幅器

図 7.8 に加算増幅器を示す. 節点 a について仮想接地であることを考慮して回路方程式を立てると,

$$\left(\frac{V_1}{R_1} + \frac{V_2}{R_2} + \cdots + \frac{V_n}{R_n} \right) + \frac{V_o}{R_f} = 0 \tag{7.15}$$

であり,

$$V_o = - \left(\frac{R_f}{R_1} V_1 + \frac{R_f}{R_2} V_2 + \cdots + \frac{R_f}{R_n} V_n \right) \tag{7.16}$$

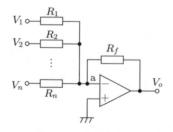

図 7.8 加算増幅器

となる．式 (7.16) は入力電圧 $V_1, V_2, \ldots, V_n$ をそれぞれ重み付け加算した電圧を反転出力する．

7.4.4 差動増幅器

図 7.9 に **差動増幅器** の回路を示す．この図において

$$V_- = V_+ = \frac{R_4}{R_3 + R_4} V_2 \tag{7.17}$$

である．また，節点 a について

$$\frac{V_1 - V_-}{R_1} + \frac{V_o - V_-}{R_2} = 0 \tag{7.18}$$

が得られる．式 (7.17), (7.18) より

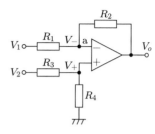

図 7.9　差動増幅器

$$
\begin{aligned}
V_o &= -\frac{R_2}{R_1} V_1 + \left(1 + \frac{R_2}{R_1}\right) \frac{R_4}{R_3 + R_4} V_2 \\
&= -\frac{R_2}{R_1} \left\{ V_1 - \left(\frac{1 + R_1/R_2}{1 + R_3/R_4}\right) V_2 \right\}
\end{aligned} \tag{7.19}
$$

となる．ここで，

$$\frac{R_1}{R_2} = \frac{R_3}{R_4} \tag{7.20}$$

ならば

$$V_o = -\frac{R_2}{R_1}(V_1 - V_2) \tag{7.21}$$

であり，この式より，出力は入力信号の差分 $(V_1 - V_2)$ を増幅したものとなる．

7.4.5 積分回路

図 7.10 に **積分回路** を示す．点 a は仮想接地であるから，瞬時電流の関係を求めると，

$$\frac{V_i}{R} + C \frac{dV_o}{dt} = 0 \tag{7.22}$$

であり，

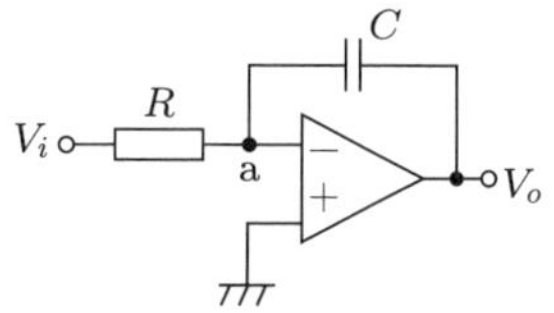

図 7.10　積分回路

$$V_o = -\frac{1}{CR} \int V_i \, dt \tag{7.23}$$

となる．したがって，出力電圧は入力電圧の積分波形となる．

7.4.6　微分回路

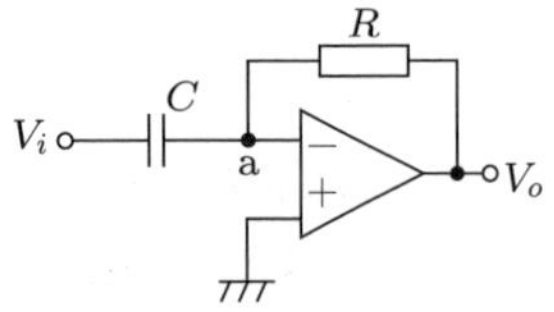

図7.11に微分回路を示す. これは積分回路の抵抗とコンデンサを入れ替えたものである. 積分回路と同様に, 点aについて瞬時電圧・電流の回路方程式を立てると,

$$C\frac{dV_i}{dt} + \frac{V_o}{R} = 0 \qquad (7.24)$$

であり,

$$V_o = -CR\frac{dV_i}{dt} \qquad (7.25)$$

となり, 入力電圧を微分した出力が得られる.

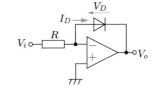

図 7.11　微分回路

7.4.7　対数回路

図7.12に対数回路を示す. 帰還インピーダンスにダイオードを使用する. ここで入力電圧 $V_i > 0$ とし, 点aが仮想接地されていることを考慮し, 回路方程式を立てると

$$\frac{V_i}{R} - I_D = 0 \qquad (7.26)$$

となる.

図 7.12　対数回路

ここで, ダイオード特性が式 (2.1), すなわち

$$I_D = I_s\left(e^{\frac{qV_D}{mkT}} - 1\right)$$

で与えられるとする. 通常 $V_D = -V_o > 0$ の使用範囲において

$$e^{\frac{qV_D}{mkT}} \gg 1 \qquad (7.27)$$

が成立することから, 式 (2.1) は

$$I_D = I_s\left(e^{\frac{q(-V_o)}{mkT}} - 1\right) \approx I_s e^{\frac{-qV_o}{mkT}} \qquad (7.28)$$

と近似でき, これを式 (7.26) に代入することにより

$$e^{\frac{-qV_o}{mkT}} = \frac{V_i}{I_s R} \qquad (7.29)$$

が得られる. 両辺の自然対数をとり, 整理すれば,

$$V_o = -\frac{mkT}{q}\ln\left(\frac{V_i}{I_s R}\right) \qquad (7.30)$$

となる. この結果, V_o は V_i の自然対数となる. ただし, $V_i > 0$ である.

7.4.8 指数回路

図 7.13 に指数回路を示す. これは図 7.12 のダイオードと抵抗を入れ替えた回路である. 図 7.13 において

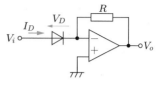

$$I_D + \frac{V_o}{R} = 0 \tag{7.31}$$

である. $V_D = V_i > 0$ とし, ダイオード特性が式 (2.1) で式 (7.27) を満たすとすれば,

図 7.13　指数回路

$$I_s e^{\frac{qV_i}{mkT}} + \frac{V_o}{R} = 0 \tag{7.32}$$

となり,

$$V_o = -RI_s e^{\frac{qV_i}{mkT}} \tag{7.33}$$

が得られる. 出力は入力電圧の指数関数となっている. ただし, $V_i > 0$ である.

7.5　交流理論による汎用表現

ここまでの各種増幅器の関係は瞬時値を使った表現であり, 電流・電圧は時間関数で示した. 一方, これまでの関係を交流理論を使って表現することができる. ただし, あくまで線形回路が対象となるので, 対数回路, 指数回路を扱うことはできない.

いま, 演算増幅器を使った回路について交流理論で考える. 図 7.14 はインピーダンス Z_i と Z_f を接続した回路であり, その入出力の関係は

$$\frac{V_i}{Z_i} + \frac{V_o}{Z_f} = 0 \tag{7.34}$$

となり,

$$V_o = -\frac{Z_f}{Z_i} V_i \tag{7.35}$$

である. 注意しなければならないのは, すべての変数は複素数であり, かつ周波数 ω の関数であることである.

交流理論の場合,

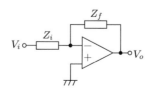

図 7.14　交流理論による汎用表現

（1）単一周波数の関係のみに注目すること

（2）線形回路であること

を前提としているので，対数回路，指数回路など半導体の非線形特性を利用する回路には使えない．また，過渡現象など周期性がない現象にも利用できない．それ以外の上記条件を満たす回路なら適用可能である．信号が非正弦波形であっても，任意の波形はフーリエ級数展開により複数の正弦波の集合体であると解釈することができる．それゆえ，周波数成分で考える限り交流理論が適用できる．とくにフィルタ設計など周波数領域で検討すべき回路には非常に有効な手法である．たとえば，先の積分回路を交流理論で表現すると，

$$Z_i = R \tag{7.36}$$

$$Z_f = \frac{1}{j\omega C} \tag{7.37}$$

であるから，式 (7.35) は

$$V_o = -\frac{1}{j\omega CR} V_i \tag{7.38}$$

となる．興味深いのは，式 (7.23) と (7.38) はどちらも積分回路の入出力関係を示していることである．両者の違いは時間領域で示すか，周波数領域で示すかである．積分は時間領域で考えるのが素直だが，これを周波数領域で見るとどうなるだろうか．式 (7.38) の関係を横軸 ω，縦軸利得（ゲイン）$G\ (= |V_o/V_i|)$ で表現すると，図 7.15

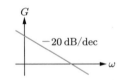

図 7.15 **積分器の周波数特性**

となる．これは周波数が増加すると利得が低下することを示している．いい換えると，激しい変化（高周波成分）を含む信号を入力しても，出力には変化が抑制されたゆるやかな信号が現れることを意味している．

同様に，図 7.11 の微分回路では，

$$V_o = -j\omega CR V_i \tag{7.39}$$

の関係が得られる．この周波数特性を描くと図 7.16 となり，変化の激しい成分が逆に強調されて出力される．

また，図 7.17 の場合には，

$$Z_i = R_i \tag{7.40}$$

$$Z_f = \frac{R_f}{1 + j\omega CR_f} \tag{7.41}$$

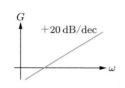

図 7.16　微分器の周波数特性

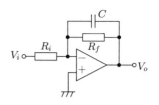

図 7.17　演算増幅器の回路例

となるので，式 (7.35) は，

$$V_o = -A_m \frac{1}{1 + j(\omega/\omega_c)} V_i \tag{7.42}$$

となる．ただし，

$$A_m = \frac{R_f}{R_i}, \qquad \omega_c = \frac{1}{CR_f} \tag{7.43}$$

である．式 (7.42) の周波数特性を描くと図 7.18 となり，ω_c を境として高周波成分が減衰することがわかる．ω_c を**遮断周波数**という．たとえば周波数が 1 kHz 以下の信号を伝送したい場合，受信側にこの回路を設け，ω_c を 1 kHz より少し高めに設定しておけば，たとえ伝送中に高周波ノイズが混入しても，受信側でノイズを除去することができる．このようにある周波数以上の信号を減衰させる回路を**ローパスフィルタ** (LPF: low pass filter) という．ほかにも素子の組み合わせで，さまざまな周波数特性をもつ回路を設計できる．このフィルタ回路のように特性を周波数領域で考える場合，交流理論が非常に役立つ．

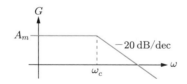

図 7.18　図 7.17 の回路の周波数特性

7.6　演算増幅器の周波数特性

ここまでの議論は，演算増幅器が理想的であることを前提に考えたが，実際には入力周波数が高いと，図 7.19 に示すように利得が低下する．この原因は演算増幅器内部がトランジスタ増幅器の多段接続であり，それぞれの増幅器において高周波の利得低下が起こるからである．この原因は 6.4.2 項で述べたトランジスタの寄生容量による影響である．このため，一般的な演算増幅器の利得 A を交流理論で表すと，

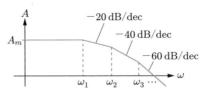

図 7.19　演算増幅器の周波数特性

$$A = \frac{A_m}{(1 + j\omega/\omega_1)(1 + j\omega/\omega_2)\cdots(1 + j\omega/\omega_n)} \quad (n は増幅器の接続段数)$$

(7.44)

となる．ただし，$\omega_1 < \omega_2 < \cdots < \omega_n$ とする．

　ここで，角周波数 ω が ω_1 より十分小さいとすれば，

$$A \approx A_m$$

(7.45)

となり，これまでの議論が通用する．それ以上の周波数の場合，利得の減衰と共に入出力信号間に位相差が生じ，これが増幅回路を不安定とする要因となる．

　安定性の詳細な議論については制御工学の知識が必要であるが，ここではこの現象を反転増幅器を例に簡単に説明する．図 7.20（a）のように正弦波を入力した場合，反転端子はその電位に引きずられ変動しようとする．もし入力に低周波正弦波の山を加えた場合，出力に大きな谷が現れ，これが帰還抵抗 R_f を経由して反転端子に伝わる．この結果，反転端子の電位変化が抑制される．しかし，入力周波数を高めると演算増

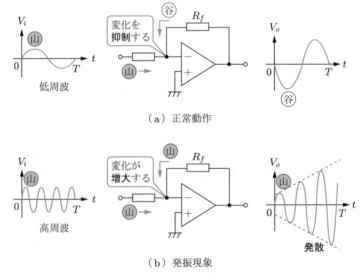

（a）正常動作

（b）発振現象

図 7.20　負帰還回路の不安定現象

幅器の位相遅れが増大し，図 7.20（b）のように正弦波の山を入力しても山が出力されて帰還する場合が起こる，すると出力信号がさらに強められ，その結果，出力が急増し制御不能となる．この現象を**正帰還作用**（発振現象）といい，とくに信号が帰還ループを一巡したとき，その信号の増幅率が 1 以上ならば急速に信号が成長，発散し動作が不安定となる．通常，正帰還作用は好ましくない現象だが，9 章で述べる発振回路のように正帰還を積極的に利用する場合もある．

演習問題

7.1 理想演算増幅器の特性を述べよ．

7.2 仮想接地を説明せよ．

7.3 演算増幅器の電圧利得が非常に高く設定されているのはなぜか．その理由を述べよ．

7.4 図 7.21（a），（b）の電圧利得 $A_V = V_o/V_i$ を求め，周波数特性（横軸：周波数，縦軸：電圧利得）の概形を描け．

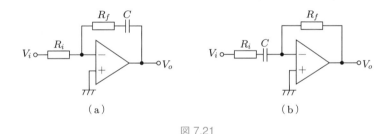

図 7.21

7.5 図 7.22 の増幅器においてスイッチ $S_3 \sim S_0$ の状態をそれぞれオン $= 1$，オフ $= 0$ の数値で表した場合，出力 V_o には S_3 の値を最上位ビット，S_0 の状態を最下位ビットとする 2 進数 4 桁（ディジタル）に対応したアナログ値が現れる回路となる．この関係を式で表せ．

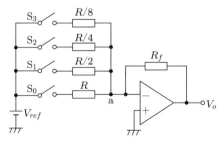

図 7.22

8 集積回路用電子回路

　7章の演算増幅器は，通常一つの小さな回路部品として扱われるが，その内部は多くのトランジスタを含んだ電子回路である．このように小さな領域に多くの回路が組み込まれたものを**集積回路** (IC: integrated circuit) という．集積回路に対して，ダイオード，トランジスタなどの単機能の部品で構成される回路を**ディスクリート回路** (discrete circuit) という．集積回路を設計する際は，ディスクリート回路にない制約や環境があるため，ディスクリート回路とは異なる回路技術が使われる．本章では，演算増幅器を例に，集積回路で使用される回路方式や技術について解説する．

8.1 ディスクリート回路と集積回路の相違点

　前章の図 7.2 は代表的な演算増幅器の内部回路を示している．集積回路は半導体の製造工程で作られるため，この工程で製造できない素子は使用することができない．トランジスタ，ダイオード，抵抗，小容量コンデンサ（pF 程度）は製造可能であるが，磁性体を必要とするインダクタや大面積を必要とするコンデンサ（nF 以上）は実現できない．このため，

(1) 5章，6章のトランジスタ増幅器は大容量コンデンサを使用するため集積化に適さない

(2) 回路の多段接続の際に，コンデンサを使って交流信号のみを伝達する容量結合が使えない

など集積化独自の問題が発生し，従来技術をそのまま活用することができない．

　その一方で，一度に多くの素子を同一工程で製造するため，

(3) トランジスタの電流増幅率など特性の一致した素子が容易に得られる

(4) 狭い面積に回路部品が集中するため熱結合が強く，素子の温度差による特性のばらつきを防ぐことができる

などの利点も有している．したがって，上記(1)〜(4)の特徴を活かした独自の回路技術が使われる．

　次節以降，アナログ集積回路で広く使われる，差動増幅器，定電流回路，ダーリントン接続，レベルシフト回路について説明する．

8.2 差動増幅器

8.2.1 差動増幅器の特徴

差動増幅器 (differential amplifier) を図 8.1 に示す. 基本構造はエミッタ接地増幅器を左右対称に配置した構造となっており, 以下の特徴をもつ.

（1）コンデンサが不要.

（2）直流増幅が可能.

（3）入力インピーダンスが高い.

（4）ドリフトに強い（温度変化に伴うトランジスタ特性の変化による影響が小さい）.

（5）グランド基準に入力端子を二つ, 出力端子を二つ備える.

（6）ノイズに強い（同相ノイズを相殺できる）.

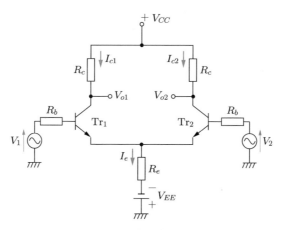

図 8.1　差動増幅器

差動増幅器の一般的な使用方法は, 入力端子間に入力信号 V_i を与え, 出力端子間から出力信号 V_o を得るものである. 図 8.1 においては

$$V_i = V_2 - V_1 \tag{8.1}$$
$$V_o = V_{o2} - V_{o1} \tag{8.2}$$

となる.

つぎに, 差動増幅器の動作について詳しく述べる.

8.2.2 差動成分と同相成分

動作原理を説明する前に，重要な考え方を述べる．

ある任意の信号 V_1，V_2 があった場合，これらの信号は必ず以下の式で定義される**同相成分** V_a および**差動成分** V_d に分離することができる．すなわち，

$$\text{同相成分} \quad V_a = \frac{V_1 + V_2}{2} \tag{8.3}$$

$$\text{差動成分} \quad V_d = V_2 - V_1 \tag{8.4}$$

と定義した場合，元の信号 V_1，V_2 はそれぞれ V_a，V_d を用いて

$$V_1 = V_a - \frac{V_d}{2} \tag{8.5}$$

$$V_2 = V_a + \frac{V_d}{2} \tag{8.6}$$

のように表すことができる．この式の意味するところは，任意の二つの信号は必ず同じ振る舞いをする同相成分と大きさが同じで極性が異なる差動成分で表現できることである．これは，差動増幅器を理解するにおいて大切な見方である．

そもそも「差動」増幅器の名前は入力信号 V_1，V_2 の差動成分 $V_d\,(= V_2 - V_1)$ を増幅することに由来している．同相成分 V_a に関しては本来増幅を望んでいない．差動増幅器の働きを調べるには，同相成分と差動成分を分離し，個別に考察するほうがわかりやすい．この発想はまさに重ね合わせの定理そのものであり，半導体素子を含んだ非線形回路に小信号等価回路を導入すれば，適用することができる．

8.2.3 差動増幅器の基本動作

図 8.2 は図 8.1 の増幅回路の各部電圧波形を示している．ただし，図 8.2（a）は入力電圧 $V_1 = V_2$ の場合であり，図 8.2（b）は $V_1 = -V_2$ の場合である．8.2.1 項で述べたとおり増幅器は左右対称であり，その半分のみを見た場合，コンデンサがないことを除けばエミッタ接地トランジスタ増幅器と同じである．ベース–エミッタ側にバイアス回路がないように見えるが，エミッタ側の電源電圧 V_{EE} はグランドを経由して入力信号 V_1 と V_2 につながっており，これがバイアス回路に相当する．したがって，左半分の回路は入力 V_1 に対してエミッタ接地と同様な増幅を行い，出力端子に電圧 V_{o1} を出力する．右側も同様に V_2 に対して V_{o2} を出力する．

ここで，図 8.2（a）について考える．信号 V_1 と V_2 が同じ場合（V_1 と V_2 が同相成分しか含まない場合），左右の回路特性がまったく同一ならば，出力 V_{o1} と V_{o2} は一致する．V_{o1}，V_{o2} はそれぞれグランドに対する電位であるが，2 端子間を出力電圧と考えた場合

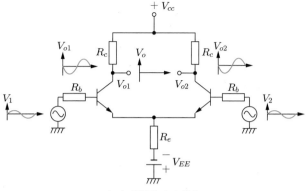

（a）同相入力の場合

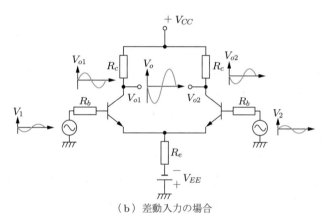

（b）差動入力の場合

図 8.2 　差動増幅器の動作波形

$$V_o = V_{o2} - V_{o1} = 0 \tag{8.7}$$

となる．つまり，同相信号の入力に対して出力電圧 V_o はゼロとなる．

つぎに図 8.2（b）について考える．V_1 と V_2 が同じ大きさで逆極性の場合（V_1 と V_2 が差動成分しか含まない場合），増幅された出力 V_{o1}，V_{o2} は振幅が等しく，逆極性の電圧となる．この差の電圧は

$$V_o = V_{o2} - V_{o1} = -2V_{o1} = 2V_{o2} \tag{8.8}$$

となり，差動成分の入力は強められて出力される．

以上のことから，差動増幅器の同相成分は相殺され，差動成分は増幅されて出力されることがわかる．この働きは，左右の特性が同一であることを前提としているので，トランジスタのばらつきや温度差による特性の不均衡が起こらないようにしなければ

ならない．この点，集積化は両トランジスタの熱結合を高め，かつ同一製造工程によって特性のばらつきを抑制できるので，温度変化によるドリフトや同相ノイズに強く，まさに IC に最適な増幅器といえる．

8.2.4　差動増幅器の小信号等価回路

差動増幅器の特性を把握するために，小信号等価回路を導出する．まず，回路の対称性を考慮して図 8.1 の回路の左半分について描いた図 8.3（a）の回路について考える．これは，エミッタ抵抗 R_e にコンデンサが接続されていないことを除けば，基本的に 5 章のエミッタ接地増幅器である．バイアス回路は電源 V_{EE} を含むベース‐エミッタ側回路で構成されるが，ここではすでにバイアスは既知であるとして，その後の小信号等価回路について考える．

- 図 8.3（a）は，バイアスを除く小信号成分について考慮すると図 8.3（b）となる．
- さらに，トランジスタの小信号等価回路を適用すれば，図 8.3（c）が得られる．
- つぎに，電流源の部分を二つに分割し，図 8.3（d）のベース‐エミッタ側等価回路と図 8.3（e）のコレクタ側等価回路に分離する．
- 図 8.3（d）において，電流源は I_{b1} に比例する可変電流源なので，電流源を消去して図 8.3（f）のように変換できる（図 1.26 の等価変換参照）．

以上の手順により差動増幅器の左半分の等価回路が得られた．実際には抵抗 R_e を共通として左右対称に配置されていることから，回路全体の等価回路は最終的に図 8.3（h）（ベース‐エミッタ側回路），図 8.3（g）（コレクタ側回路）で表される．

8.2.5　差動増幅器の利得（同相利得，差動利得）

8.2.2 項で任意の信号は同相成分と差動成分に分離できることを示した．そこで，信号 V_1，V_2 について同相成分と差動成分に分離し，それぞれの成分の入出力の関係について考える．いま，V_1 と V_2 を式 (8.5)，(8.6) で表し，これによって流れるベース電流 I_{b1}，I_{b2} についても同相成分 I_{ba}，差動成分 I_{bd} をそれぞれ，

$$I_{ba} = \frac{I_{b1} + I_{b2}}{2} \tag{8.9}$$

$$I_{bd} = I_{b2} - I_{b1} \tag{8.10}$$

と定義すれば，

$$I_{b1} = I_{ba} - \frac{I_{bd}}{2} \tag{8.11}$$

$$I_{b2} = I_{ba} + \frac{I_{bd}}{2} \tag{8.12}$$

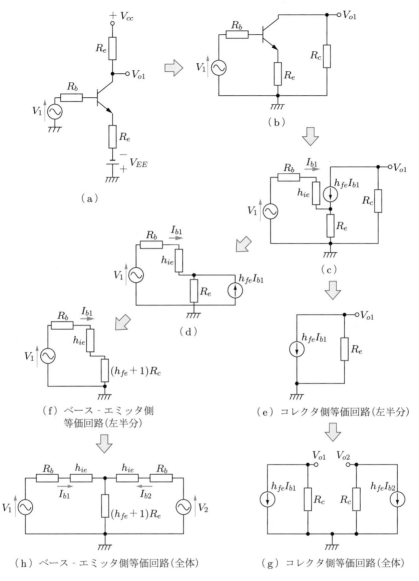

（a）

（b）

（c）

（d）

（e）コレクタ側等価回路（左半分）

（f）ベース‐エミッタ側
等価回路（左半分）

（g）コレクタ側等価回路（全体）

（h）ベース‐エミッタ側等価回路（全体）

図 8.3　差動増幅器の等価回路の変形手順

で表すことができる．図 8.3 は線形回路であるから，入力信号の同相成分に対しては
同相電流が，差動成分に対しては差動電流が流れる．

　以上のことから，図 8.3（h）を改めて見直すと，図 8.4 に描き直すことができる．こ
の回路について同相成分および差動成分の関係を求める．

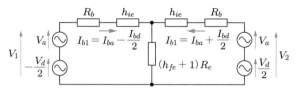

図 8.4　成分表示した差動増幅器の等価回路

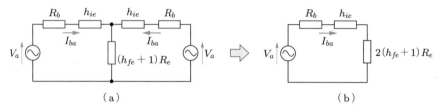

図 8.5　同相成分に対する等価回路

まず，同相成分について考える（差動成分はないと仮定する）．すると，図 8.4 の回路は図 8.5 (a) となる．ここで，左右の回路の対称性と抵抗 $(h_{fe}+1)R_e$ に $2I_{ba}$ の電流が流れる点を考慮すると，図 8.5 (a) は図 8.5 (b) に簡略化できる．したがって，同相電流 I_{ba} は

$$I_{ba} = \frac{V_a}{R_b + h_{ie} + 2(h_{fe}+1)R_e} \tag{8.13}$$

となる．

同様に，差動成分のみ考慮（同相成分はないと仮定）すれば，図 8.4 は図 8.6 (a) となる．ここで，抵抗 $(h_{fe}+1)R_e$ に流れる電流はゼロであるから，R_e の抵抗がない場合と等価である．よって，図 8.6 (a) は図 8.6 (b) に簡略化される．この図より

$$I_{bd} = \frac{V_d}{R_b + h_{ie}} \tag{8.14}$$

となる．

以上の結果を式 (8.11)，(8.12) に代入してベース電流 I_{b1}，I_{b1} が求められる．

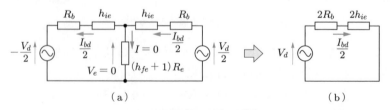

図 8.6　差動成分に対する等価回路

したがって，出力電圧 V_{o1} は図 8.3（g）から

$$
\begin{aligned}
V_{o1} &= -h_{fe}I_{b1}R_c \\
&= -h_{fe}\left(I_{ba} - \frac{I_{bd}}{2}\right)R_c \\
&= -h_{fe}\left\{\frac{V_a}{R_b + h_{ie} + 2(h_{fe}+1)R_e} - \frac{V_d}{2(R_b + h_{ie})}\right\}R_c \\
&= -\frac{h_{fe}R_c}{R_b + h_{ie} + 2(h_{fe}+1)R_e}V_a + \frac{h_{fe}R_c}{2(R_b + h_{ie})}V_d \\
&= -A_aV_a + A_dV_d
\end{aligned}
\tag{8.15}
$$

となる．ここで，A_a，A_d をそれぞれ差動増幅器の**同相利得** (common mode gain) および**差動利得** (differential gain) といい，それぞれ

$$
A_a = \frac{h_{fe}R_c}{R_b + h_{ie} + 2(h_{fe}+1)R_e}
\tag{8.16}
$$

$$
A_d = \frac{h_{fe}R_c}{2(R_b + h_{ie})}
\tag{8.17}
$$

である．出力電圧 V_{o2} についてもまったく同様に行えば

$$
V_{o2} = -A_aV_a - A_dV_d
\tag{8.18}
$$

が得られる．

差動増幅器の一般的な使用方法では

$$
V_i = V_2 - V_1 = V_d
\tag{8.19}
$$

と，差動信号を入力とする．このときの出力 V_o は

$$
\begin{aligned}
V_o &= V_{o2} - V_{o1} = -2A_dV_d \\
&= -2A_dV_i
\end{aligned}
\tag{8.20}
$$

となり，差動利得が増幅器の利得となる．

8.2.6 差動増幅器の性能評価 ────────────────

一般には，差動信号を入力とし，増幅された差動成分を出力とする．この使用方法における増幅率には差動利得のみが関与し，同相利得は無縁のように見える．

しかし，実際には同相利得の大きさにも注意を払わなければならない．なぜなら，差動信号は同相信号に重畳された状態であり，仮に同相利得が大きいと同相成分が大

きく増幅され，これが差動信号の増幅範囲を狭めたり偏らせたりするなど，本来の差動信号の増幅を阻害する要因となるからである．また，同相成分を除去する性質は回路の対称性が厳密に守られることが条件であり，現実の回路ではわずかに特性が異なる．この影響が同相利得が大きいほど出力に現れやすいため，同相利得を極力抑えることが望ましい．

そこで，差動増幅器の同相利得 A_a と差動利得 A_d との比を **CMRR**（**同相成分除去比**：common mode rejection ratio）として下記のように定義し，性能評価の一つとする．

$$\mathrm{CMRR} = \frac{A_d}{A_a} \tag{8.21}$$

CMRR が大きいほど差動増幅器の性能はよいといえる．

8.2.7 差動増幅器の性能向上

では，CMRR を大きくするためにはどうすればよいかについて考察する．式 (8.16)，(8.17) を式 (8.21) に代入し，一般に R_b，$h_{ie} \ll (h_{fe}+1)R_e$ であることを考慮すると，つぎのようになる．

$$\mathrm{CMRR} = \frac{\dfrac{h_{fe}R_c}{2(R_b+h_{ie})}}{\dfrac{h_{fe}R_c}{R_b+h_{ie}+2(h_{fe}+1)R_e}}$$

$$= \frac{R_b+h_{ie}+2(h_{fe}+1)R_e}{2(R_b+h_{ie})} \approx \frac{(h_{fe}+1)R_e}{R_b+h_{ie}} \tag{8.22}$$

この結果から，CMRR を大きくするためには抵抗 R_e を大きくすればよいことがわかる．しかし，抵抗 R_e を大きくすることはバイアス回路の抵抗値を大きくすることであり，相対的にコレクタ電流が減少し，交流動作振幅が抑えられるため好ましくない．この問題を解決するためには，直流電流は流しても交流的に大きな抵抗をもつ素子が必要であり，直流電流源（**定電流源** (constant current source)）がまさにその性質を有する．

したがって，図 8.1 の抵抗 R_e を図 8.7 に示すように直流電流源に置き換えることで，CMRR を大きくすることができる．

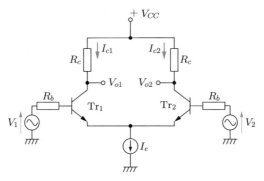

図 8.7　CMRR を高めた差動増幅器

8.3　定電流回路

　差動増幅器の性能を高めるためには定電流源が必要であるが，これはトランジスタ
を使って実現することができる．簡単な定電流回路を図 8.8 に示す．ここで，トラン
ジスタのベース - エミッタ間電圧を V_{BE} とすれば，

$$
\begin{aligned}
V_{BB} - V_{BE} &= RI_E \\
I_E &= I_B + I_C \\
I_C &= h_{fe}I_B
\end{aligned}
\tag{8.23}
$$

が得られる．これから I_C を求めると，

$$
I_C = \frac{V_{BB} - V_{BE}}{R\left(1 + \dfrac{1}{h_{fe}}\right)} \approx \frac{V_{BB} - V_{BE}}{R}
\tag{8.24}
$$

となり，I_C は V_{BB} と R によって決まる．

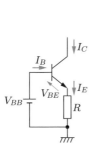

図 8.8　ベース接地回路

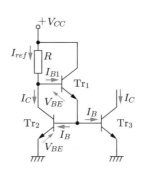

図 8.9　カレントミラー回路

図 8.9 も定電流回路である．トランジスタはすべて同特性であるとすると，

$$V_{CC} = RI_{ref} + 2V_{BE} \tag{8.25}$$

である．これから，

$$I_{ref} = \frac{V_{CC} - 2V_{BE}}{R} \tag{8.26}$$

となる．

また，図より

$$\begin{aligned}
I_{ref} &= I_C + I_{B1} \\
2I_B &= (h_{fe} + 1)I_{B1} \\
I_C &= h_{fe}I_B
\end{aligned} \tag{8.27}$$

が得られるので，I_{B1}，I_B を消去すると，

$$I_C = \frac{I_{ref}}{1 + \dfrac{2}{(h_{fe} + 1)h_{fe}}} \approx I_{ref} \tag{8.28}$$

となり，Tr_2 と Tr_3 のコレクタには式 (8.26) で設定された電流 I_{ref} が流れる．このように一方に流す電流と同じ大きさの電流が他方にも現れる定電流回路を**カレントミラー回路**という．

理想的な定電流源は，外部からの電圧変動に対して電流がまったく変動しないので，交流成分から見ると非常に大きな抵抗に見える．このため，エミッタ抵抗 R_e の代わりに定電流源を使うと CMRR が増大する．そのほかにも差動利得 A_d を大きくするには式 (8.16) から交流的にコレクタ抵抗 R_c を大きくすればよいので，ここにカレントミラーを使うこともできる．このように，能動素子で組まれた回路を負荷として使用する場合を**能動負荷**という．

8.4 ダーリントン接続

トランジスタの電流増幅率を大きくしたい場合，図 8.10 のような接続を行う．これを**ダーリントン接続** (Darlington connection) という．図 8.10 全体を一つのトランジスタと考えれば，この電流増幅率 h_f はトランジスタ Tr_1，Tr_2 が同特性であるとして，

$$h_f = \frac{I_c}{I_{b1}} = \frac{I_{c1} + I_{c2}}{I_{b1}} = \frac{I_{c1}}{I_{b1}} + \frac{I_{c2}}{I_{b1}}$$

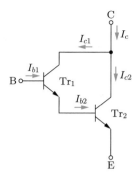

図 8.10　ダーリントン接続

$$= h_{fe} + \frac{I_{b2}}{I_{b1}} \frac{I_{c2}}{I_{b2}} = h_{fe} + (h_{fe} + 1)h_{fe} \qquad (8.29)$$

$$= h_{fe}(h_{fe} + 2) \approx h_{fe}{}^2$$

となり，電流増幅率を飛躍的に増大させることができる．

8.5　レベルシフト回路

　演算増幅器内部では，増幅率を上げるため増幅器の多段接続が行われている．ここで，増幅器間は直結されるので，段を重ねるごとにバイアス電圧が上昇し偏る．よって，これを下げ，最適な位置に戻す回路が必要となる．これを**レベルシフト回路** (level shift circuit) といい，図 8.11 に示す．図 8.11（a）はダイオードの順方向電圧降下 V_{BE} を利用した回路で，出力電圧 V_o は

$$V_o = V_i - V_{BE} \qquad (8.30)$$

と V_{BE} 下がる．より下げたい場合はダイオードをさらに直列接続する．

　また，図 8.11（b）は定電流源 J を使用したもので，

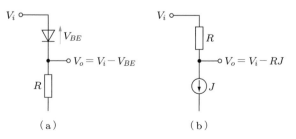

図 8.11　レベルシフト回路

$$V_o = V_i - RJ \qquad (8.31)$$

となり，電圧は RJ 低下する．

8.6　FET を用いた差動増幅器

　FET を用いても 8.3 節の差動増幅器を構成することができる．図 8.12 は，図 8.1 のトランジスタを MOSFET に置き換えた図である．この場合も小信号等価回路を図 8.3 と同じ手順で導出することができ，最終的に図 8.13 (g) や (h) が得られる．

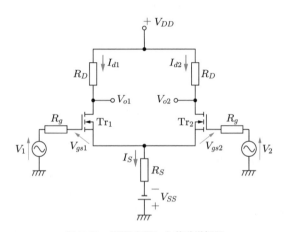

図 8.12　FET を用いた差動増幅器

　ここで，V_1，V_2 によって生じるゲート – ソース電圧 V_{gs1}，V_{gs2} の同相成分 V_{gsa}，差動成分 V_{gsd} をそれぞれ，

$$V_{gsa} = \frac{V_{gs1} + V_{gs2}}{2} \qquad (8.32)$$

$$V_{gsd} = V_{gs2} - V_{gs1} \qquad (8.33)$$

と定義すれば，

$$V_{gs1} = V_{gsa} - \frac{V_{gsd}}{2} \qquad (8.34)$$

$$V_{gs2} = V_{gsa} + \frac{V_{gsd}}{2} \qquad (8.35)$$

で表すことができる．式 (8.34), (8.35) を図 8.13 (h) に当てはめて，同相成分と差動成分を分けて考えると，図 8.14 となる．この図より次式が得られる．

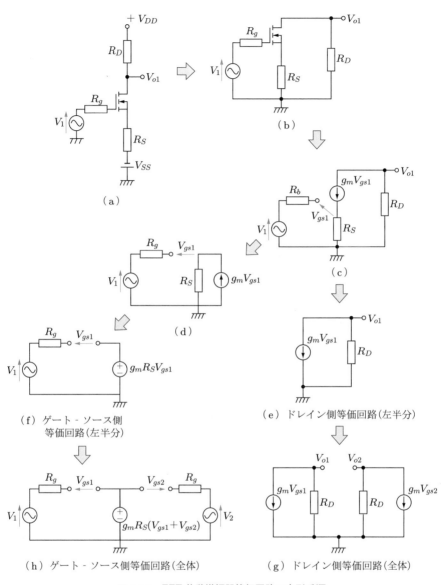

図 8.13　FET 差動増幅器等価回路の変形手順

$$V_{gsa} = \frac{V_a}{1 + 2g_m R_S} \tag{8.36}$$

$$V_{gsd} = V_d \tag{8.37}$$

式 (8.34)〜(8.37) を図 8.13 (g) に当てはめると，次式が得られる．

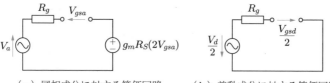

（a）同相成分に対する等価回路　　（b）差動成分に対する等価回路

図 8.14　成分分離後の等価回路

$$V_{o1} = -g_m R_D V_{gs1} = -g_m R_D \left(V_{gsa} - \frac{V_{gsd}}{2} \right)$$

$$= -\frac{g_m R_D}{1 + 2g_m R_S} V_a + \frac{g_m R_D}{2} V_d$$

$$= -A_a V_a + A_d V_d \tag{8.38}$$

$$V_{o2} = -A_a V_a - A_d V_d \tag{8.39}$$

ここで，同相利得 A_a，差動利得 A_d はそれぞれ，

$$A_a = \frac{g_m R_D}{1 + 2g_m R_S} \tag{8.40}$$

$$A_d = \frac{g_m R_D}{2} \tag{8.41}$$

である．

　つぎに，ソース抵抗 R_S の代わりに定電流源を接続すると等価的に $R_S \to \infty$ となり，A_a はゼロに近づく．この結果，CMRR が増大する．さらにドレイン抵抗 R_D を定電流源に置き換えれば，等価的に $R_D \to \infty$ となり，差動利得 A_d の大きな増幅器が実現できる．この考えに基づき図 8.12 を再構成したものが図 8.15 である．図下部のn チャネル MOSFET 対 Tr$_5$, Tr$_6$ はカレントミラー回路である．Tr$_5$ の V_{GS} は V_{DD} と抵抗 R の組合せで決まり，これに対応したドレイン電流 I_{ref} が流れる．同時に V_{GS} は Tr$_6$ のゲート電圧でもあるので，同じ電流 I_{ref} が Tr$_6$ にも流れる．これが図 8.12 の R_S ($\to \infty$) に相当する電流源である．図の最上部の p チャネル MOSFET 対 Tr$_3$, Tr$_4$ もカレントミラー回路であり，図 8.12 のドレイン抵抗 R_D ($\to \infty$) に相当する．カレントミラーの働きで Tr$_3$, Tr$_4$ のドレイン電流は等しくなるので，差動対 Tr$_1$, Tr$_2$ のバイアス特性がそろい良好な特性を得ることができる．このように p チャネルとn チャネル MOSFET を組み合わせることで，高性能な回路を得ることができる．このような構造を **CMOS** (complementary metal-oxide semiconductor) **構造**という．CMOS は，製造が比較的簡単で，集積化，低消費電力化が容易なことから，ディジタル回路のみならずアナログ回路にも広く使用されている．

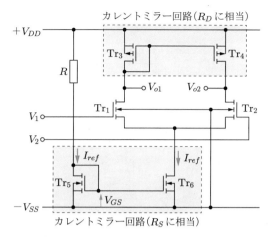

カレントミラー回路(R_D に相当)

図 8.15　カレントミラーを用いた FET 差動増幅器

演習問題

8.1　図 8.16 の電圧 V_1, V_2 について同相成分 V_a, 差動成分 V_d を求め, 波形を描け.

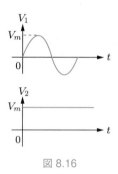

図 8.16

8.2　図 8.17 の回路をそれぞれの指示に従って等価変換せよ.

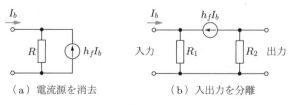

（a）電流源を消去　　　（b）入出力を分離

図 8.17

8.3 図 8.18 の回路において V_i と V_o の関係を求めよ.

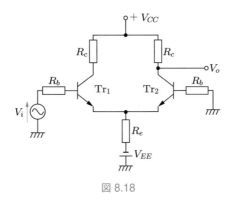

図 8.18

8.4 図 8.19 のダーリントン接続トランジスタを一つのトランジスタとみなした場合,以下の特性を求めよ.

（a）B–E 間の順方向電圧降下 $V_{BE}{}'$

（b）小信号電流利得 $h_f = I_c/I_{b1}$

（c）小信号入力抵抗 $h_i = V_{be}{}'/I_{b1}$

ただし,トランジスタ Tr_1, Tr_2 は同特性とし,小信号入力抵抗 h_{ie} はバイアス電流 I_B に反比例するものとする.また,トランジスタ 1 個のベース‐エミッタ間の順方向電圧降下を V_{BE} とする.

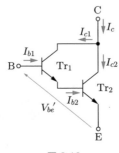

図 8.19

8.5 図 8.11（b）において V_o の直流レベルを V_i より 0.7 V 下げたい.電流源 J をいくらにすればよいか.ただし,$R = 70\,\Omega$ とする.

9 発振回路

正弦波や矩形波など周期的な波形を安定して生み出す回路を**発振回路** (oscillator circuit) という．発振回路は自ら信号を生み出す作業が必要であり，これがこれまで学習した増幅回路と決定的に異なる点である．このため，発振回路独自の考え方があり，それに基づいてさまざまな回路が考案されている．ここでは，正弦波発振回路を対象として，その発振原理と回路方式について述べる．

9.1 発振回路の動作原理

発振回路は信号を無から生み出すのではなく，種となる微弱信号を増幅して作り上げる．この微弱信号として使用されるのが回路内部のノイズである．たとえば，抵抗に電流を流すと抵抗内部の自由電子の不規則な運動によって**熱雑音** (thermal noise) が発生する．この雑音は微弱であるが，その周波数成分は低周波から高周波まで広範囲に存在する．抵抗に限らずあらゆる回路素子はノイズを発生するため，増幅回路内には常にノイズが存在している．

発振回路は，このノイズを増幅して所要の信号を得るが，信号が微弱であるため，一度増幅した信号をさらに入力側に帰還し，これを再び増幅するといった繰り返し動作で信号を成長させる．このように信号を強める方向に帰還を行うことを**正帰還** (positive feedback) という．

正帰還によりノイズは急速に成長し，出力信号が得られる．ただし，ある特定周波数の正弦波のみを得たいので，帰還回路に共振回路など特定周波数のみ通過する回路を用意し，ほかの周波数ノイズが成長しないようにする．

図 9.1 に正帰還の**ブロック図**を示す．ブロック図とは信号の流れを機能的に示したもので，システム内部の各機能をブロックで示し，信号の流れを矢印で表す．発振回路をこの図に当てはめると，ブロック G が増幅器に対応し，H が帰還回路に対応する．信号がブロックを通過すると，増幅や減衰など何らかの処理が行われる．各ブロックの特性を**伝達関数** (transfer function) といい，G や H の記号で表す．一般にはラプラス変換という数学表現が使われ，これを電気回路の分野に対応させると交流理論の複素数表現と一致するので，ここでも交流理論で表す．

ブロックの出力は伝達関数に入力を掛け合わせることで得られる．よって，G は増

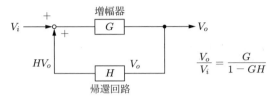

図 9.1　正帰還

幅器の電圧利得に対応する．この図では V_i と帰還信号 HV_o が加算され，G を通過後，再び V_o となることを表しており，

$$(V_i + HV_o)G = V_o \tag{9.1}$$

の関係が得られる．これから

$$\frac{V_o}{V_i} = \frac{G}{1 - GH} \tag{9.2}$$

となる．G，H は一般に複素数である．もし，ここで

$$GH = 1 \tag{9.3}$$

ならば，式 (9.2) は無限大となり，入力 V_i がゼロであっても理論的に出力を得ることが可能となる．これがいわゆる発振状態である．

　この現象をもう少し詳しく見るために，図 9.2 の帰還ループを仮想的に 1 箇所切断して，ループ内の信号の流れを調べる．切断した端子に $V_o{}'$ の信号を入力し，もう一端の電圧 V_o を監視すると，その関係は

$$\frac{V_o}{V_o{}'} = GH \tag{9.4}$$

となる．これを**オープンループ利得**または**一巡伝達関数** (open loop transfer function) といい，信号が帰還ループを一巡したときの利得を表し，一般に複素数となる．ここで，信号 $V_o{}'$ と V_o の関係を考える．まずいえることは，信号を強めるためには，図 9.3 に示すように発振させたい正弦波信号 $V_o{}'$ を入力したときに一巡した信号 V_o が $V_o{}'$ と同期しなければならない．もし位相差があると，つぎの瞬間位相がずれた V_o が新た

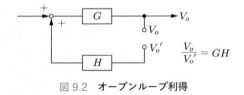

図 9.2　オープンループ利得

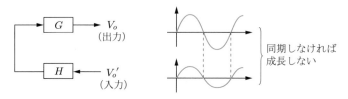

図 9.3　信号を強める条件

な入力となり，さらに位相差を大きくする．実際にはこれが連続して瞬時に起こるので，もはや同じ周期の信号にはならず成長しない．この条件を GH を使って示せば，オープンループ利得 GH が複素数でないこと，すなわち GH の虚部がゼロでなければならない．これを式で表すと

$$\mathrm{Im}(GH) = 0 \qquad\qquad (9.5)$$

となる．ここで，$\mathrm{Im}(X)$ は複素数 X の虚部を表す．

　つぎに，GH が実数（V_o' と V_o が同期する状態）であるとしてオープンループ利得の大きさを考える．図 9.4 は帰還ループを仮想的に開いた状態で，GH の大きさが異なる場合の波形を示している．

（ⅰ）$GH < 1$ の場合

　　　図 9.4（a）に示すように入力信号 V_o' が帰還によって減衰し，これがさらに新たな入力となるので，ループを閉じると信号は急速に減衰し，消滅する．

（ⅱ）$GH = 1$ の場合

　　　図 9.4（b）のように入力信号は出力と一致するので，ループを閉じても信号は維持される．

（ⅲ）$GH > 1$ の場合

　　　図 9.4（c）のように帰還ループによって信号が増大するので，ループを閉じると信号は急速に成長し，理論的に振幅が無限大となる．

　このようにオープンループ利得の大きさで信号の成長が決まる．したがって，発振器がノイズを使って目的の正弦波信号を作り出すには，$GH > 1$ であることが条件である．また，安定した発振が維持されるためには，$GH = 1$ であることが必要である．これは，式 (9.3) と一致する．

　実際の回路では動作電圧範囲が限定されるので，信号がある程度成長すると波形が飽和し，等価的に $GH = 1$ の状態となって発振が維持される．

　以上のことをまとめると，つぎのようになる．

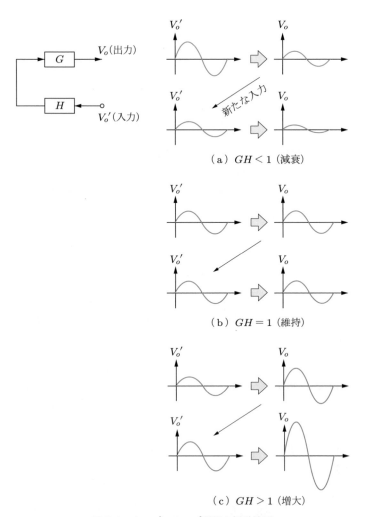

（a）$GH < 1$（減衰）

（b）$GH = 1$（維持）

（c）$GH > 1$（増大）

図 9.4　オープンループ利得と振動波形

- 発振回路が発振するためには，オープンループ利得 GH が実数（位相遅れがゼロ）となる式 (9.5) を満足し，かつ

$$\mathrm{Re}(GH) \geq 1 \tag{9.6}$$

であることが条件となる．ここで，$\mathrm{Re}(X)$ は X の実部を表す．

- 式 (9.5) の $\mathrm{Im}(GH) = 0$ は発振周波数を決定するので，**周波数条件**という．
- 式 (9.6) は信号が維持または大きくなるために必要で，**振幅条件**という．

実際の増幅器には必ず何らかの位相遅れが生じるため，オープンループ利得全体で

位相差が 2π となるように設計する．それには一般に反転増幅器を使うことが多く，この場合，位相が π 遅れるので，帰還部で π 遅れるように設計すればよい．

9.2 RC 発振回路

帰還回路に R と C を用いた RC 発振回路は，主に低周波発振器として使用される．ここでは，ウィーンブリッジ発振回路と RC 移相形発振器について述べる．

9.2.1 ウィーンブリッジ発振回路

図 9.5 に**ウィーンブリッジ発振回路**を示す．この回路は演算増幅器と R, C の組み合わせによって比較的簡単に構成することができる．ここでオープンループ利得 GH を求めるために，仮想的に点 a を切断し，入力 $V_i{}'$ に対して一巡した信号 V_i を求める．この切断は任意の場所でできるのではなく，切断によって電圧変化が起こらない箇所でなければならない．このため，電流がほとんど流れない部分や，電圧源の働きをする箇所を選ぶ．図 9.5 を描き直したものを図 9.6 に示す．ここで演算増幅器が理想的であるとすると，抵抗 R_i, R_f によって非反転増幅器を構成するので，7.4.2 項より

$$V_o = \left(1 + \frac{R_f}{R_i} \right) V_i{}' = A_m V_i{}' \tag{9.7}$$

となる．ただし，

$$A_m = 1 + \frac{R_f}{R_i} \tag{9.8}$$

である．この出力は R, C の直並列回路によって分圧されるので，V_i は

$$V_i = \frac{R_1 /\!/ (1/j\omega C_1)}{(R_2 + 1/j\omega C_2) + R_1 /\!/ (1/j\omega C_1)} V_o \tag{9.9}$$

となる．したがって，式 (9.7)，(9.9) から GH は

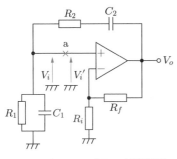

図 9.5 ウィーンブリッジ発振回路

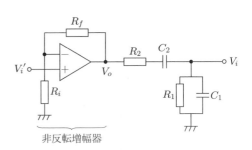

図 9.6 図 9.5 を変形した回路

$$GH = \frac{V_i}{V_i'} = \frac{R_1 /\!/ (1/j\omega C_1)}{(R_2 + 1/j\omega C_2) + R_1 /\!/ (1/j\omega C_1)} A_m$$
$$= \frac{A_m}{\left(1 + \dfrac{C_1}{C_2} + \dfrac{R_2}{R_1}\right) + j\left(\omega C_1 R_2 - \dfrac{1}{\omega C_2 R_1}\right)} \tag{9.10}$$

となる. これから周波数条件は $\mathrm{Im}(GH) = 0$ より，以下の関係が得られる.

$$\omega C_1 R_2 - \frac{1}{\omega C_2 R_1} = 0 \tag{9.11}$$

ここで，発振周波数 f は $\omega = 2\pi f$ を満たし，これを式 (9.11) に代入して整理すると，

$$f = \frac{1}{2\pi \sqrt{C_1 C_2 R_1 R_2}} \tag{9.12}$$

となる. つぎに，もう一つの振幅条件は，$\mathrm{Re}(GH) > 1$ より，

$$\frac{A_m}{1 + \dfrac{C_1}{C_2} + \dfrac{R_2}{R_1}} > 1 \tag{9.13}$$

となる. ここで，$C_1 = C_2 = C$，$R_1 = R_2 = R$ とすれば，

$$f = \frac{1}{2\pi CR}, \qquad A_m > 3 \tag{9.14}$$

となる. よって，式 (9.8) から $R_f/R_i > 2$ となるように抵抗を選べば，周波数 f の正弦波が得られる.

9.2.2 *RC* 移相形発振回路

図 9.7 に **RC 移相形発振回路**を示す. この回路は反転増幅器に C，R の位相進み回路をはしご状に 3 段接続した**移相器** (phase shifter) で構成される. 反転増幅器は位相が π ずれるので，移相器でさらに π ずらせば発振が可能となる.

オープンループ利得を求めるために点 a を仮想的に切断し，V_o' を入力したときの V_o の関係を導出する. 図 9.7 は図 9.8 (a) のように描き換えることができる. ここで，

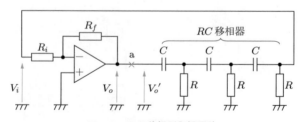

図 9.7 **RC** 移相形発振回路

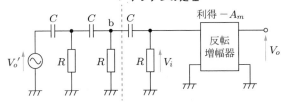

（a）オープンループ利得を求めるための回路

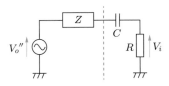

（b）移相器の簡略化

図 9.8　図 9.7 を変形した回路

演算増幅器は反転増幅器を構成しており，7.4.1 項から

$$V_o = -A_m V_i \tag{9.15}$$

$$A_m = \frac{R_f}{R_i} \tag{9.16}$$

となる．ここで，反転増幅器の入力抵抗 R_i が R に比べて十分大きいとすれば，V_i は図 9.8（b）で求めることができる．ここで，V_o'' と Z は図 9.8（a）の回路において断面 b から左を見たときにテブナンの定理で得られる等価回路の電圧源とインピーダンスであり，それぞれ

$$\begin{aligned}
V_o'' &= \frac{R /\!/ (R + 1/j\omega C)}{1/j\omega C + R /\!/ (R + 1/j\omega C)} \cdot \frac{R}{R + 1/j\omega C} V_o' \\
&= \frac{-(\omega C R)^2}{1 - (\omega C R)^2 + j3\omega C R} V_o'
\end{aligned} \tag{9.17}$$

$$Z = R /\!/ \left(R /\!/ \frac{1}{j\omega C} + \frac{1}{j\omega C} \right) = \frac{R(1 + j2\omega C R)}{1 - (\omega C R)^2 + j3\omega C R} \tag{9.18}$$

となる．よって，V_i は図 9.8（b）から

$$V_i = \frac{R}{Z + 1/j\omega C + R} V_o'' \tag{9.19}$$

となる．これに式 (9.17)，(9.18) を代入して整理すると，最終的に次式が得られる．

$$V_i = \frac{-(\omega C R)^2}{5 - (\omega C R)^2 + j(6\omega C R - 1/\omega C R)} V_o' \tag{9.20}$$

したがって，オープンループ利得 GH は，反転増幅器の利得が $V_o/V_i = -A_m$ であることを考慮すると，

$$GH = \frac{V_o}{V_o{}'} = \frac{V_i}{V_o{}'} \cdot \frac{V_o}{V_i}$$

$$= \frac{A_m(\omega CR)^2}{5 - (\omega CR)^2 + j(6\omega CR - 1/\omega CR)} \tag{9.21}$$

となる．これからまず周波数条件を求めると，$\mathrm{Im}(GH) = 0$ より，

$$6\omega CR - \frac{1}{\omega CR} = 0$$

であり，

$$f = \frac{1}{2\pi\sqrt{6}\,CR} \tag{9.22}$$

が得られる．ただし，$\omega = 2\pi f$ である．

同様に振幅条件は，式 (9.22) が成り立つことを考慮すると，$\mathrm{Re}(GH) > 1$ より

$$\frac{A_m(\omega CR)^2}{5 - (\omega CR)^2} > 1, \text{すなわち } A_m > 29 \tag{9.23}$$

となる．したがって，反転増幅器の利得を 29 倍以上に設定すれば，周波数 f の正弦波が得られる．

9.3　LC 発振回路

L と C を帰還回路に利用した発振器を **LC 発振回路**といい，図 9.9 にその構成を示す．エミッタ接地トランジスタ増幅器の出力にインピーダンス Z_1, Z_2, Z_3 を接続し，その電流の一部をベース端子に帰還する．Z_1, Z_2, Z_3 はコンデンサもしくはインダクタである．ここで，動作がわかりやすいように変動成分に対する回路を描く

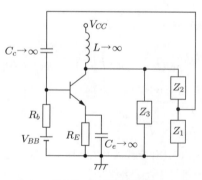

図 9.9　**LC 発振回路**

と，図9.10（a）となる．これにさらにトランジスタの小信号等価回路を適用すると，図9.10（b）となる．トランジスタは電流増幅素子であるので，これを発振回路の増幅部と考えれば，図9.11のように電流信号を使ったブロック図で表すことができる．この場合 G はトランジスタの電流利得で，

$$G = h_{fe} \tag{9.24}$$

である．帰還部 H はコレクタ電流 I_c がベース端子へ戻る割合 I_b/I_c であり，図9.10（b）を変形した図9.12の回路から

$$I_b = \frac{Z_3}{Z_3 + Z_2 + Z_1 /\!/ h_{ie}} \cdot \frac{Z_1}{Z_1 + h_{ie}} I_c$$

$$= -\frac{Z_1 Z_3}{(Z_3 + Z_2)Z_1 + h_{ie}(Z_1 + Z_2 + Z_3)} I_c \tag{9.25}$$

となる．ただし，$R_b \gg h_{ie}$ としている．したがって，帰還部 H は

$$H = -\frac{Z_1 Z_3}{(Z_3 + Z_2)Z_1 + h_{ie}(Z_1 + Z_2 + Z_3)} \tag{9.26}$$

となる．

よって，オープンループ利得 GH は式 (9.24)，(9.26) から次式となる．

$$GH = -\frac{h_{fe} Z_1 Z_3}{(Z_3 + Z_2)Z_1 + h_{ie}(Z_1 + Z_2 + Z_3)} \tag{9.27}$$

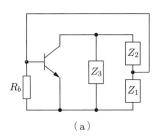
（a）

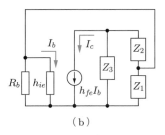
（b）

図9.10　小信号等価回路

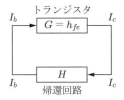

図9.11　電流信号で表現した
発振回路のブロック図

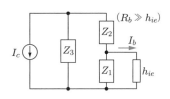

図9.12　帰還部 H の回路

ここで，Z_1，Z_2，Z_3 は L または C であるので，

$$Z_1 = jX_1, \quad Z_2 = jX_2, \quad Z_3 = jX_3 \quad (X_1,\ X_2,\ X_3\ \text{は実数}) \quad (9.28)$$

とおけば，式 (9.27) は

$$GH = \frac{h_{fe}X_1X_3}{-(X_2+X_3)X_1 + jh_{ie}(X_1+X_2+X_3)} \quad (9.29)$$

と表せる．したがって，発振するための周波数条件は $\mathrm{Im}(GH) = 0$ より

$$X_1 + X_2 + X_3 = 0 \quad (9.30)$$

が得られる．また，振幅条件は $\mathrm{Re}(GH) > 1$ より

$$\frac{h_{fe}X_3}{-(X_2+X_3)} > 1 \quad (9.31)$$

となり，これに式 (9.30) を代入し整理すると，

$$h_{fe}\frac{X_3}{X_1} > 1 \quad (9.32)$$

となる．式 (9.32) を満足するには X_1 と X_3 は同符号でなければならない．また，式 (9.30) から X_2 と X_1，X_3 は異符号となる．

この結果から，

- Z_1，Z_3：コンデンサ，Z_2：インダクタ
- Z_1，Z_3：インダクタ，Z_2：コンデンサ

の選択が考えられる．

9.3.1　コルピッツ発振回路

図 9.13 のように，LC 発振回路において Z_1，Z_3 をコンデンサ，Z_2 をインダクタとしたものを**コルピッツ発振回路**という．それぞれのリアクタンスは

$$X_1 = -\frac{1}{\omega C_1}, \quad X_2 = \omega L, \quad X_3 = -\frac{1}{\omega C_3} \quad (9.33)$$

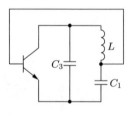

図 9.13　**コルピッツ発振回路**

である．これから，発振周波数条件は式 (9.30) に式 (9.33) を代入することにより

$$\omega L - \left(\frac{1}{\omega C_1} + \frac{1}{\omega C_3}\right) = 0$$

となり,

$$\omega = \sqrt{\frac{C_1 + C_3}{LC_1C_3}}, \qquad f = \frac{1}{2\pi}\sqrt{\frac{C_1 + C_3}{LC_1C_3}} \tag{9.34}$$

となる. 振幅条件は式 (9.32), (9.33) から

$$h_{fe} > \frac{C_3}{C_1} \tag{9.35}$$

となる.

9.3.2　ハートレー発振回路

図 9.14 に**ハートレー発振回路**を示す. この回路は Z_1, Z_3 にインダクタ, Z_2 にコンデンサを使用した LC 発振回路である. それぞれのリアクタンスは

$$X_1 = \omega L_1, \quad X_2 = -\frac{1}{\omega C}, \quad X_3 = \omega L_3 \tag{9.36}$$

となるので, 周波数条件は式 (9.30) から

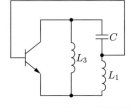

図 9.14　**ハートレー発振回路**

$$\omega(L_1 + L_3) - \frac{1}{\omega C} = 0$$

であり,

$$\omega = \frac{1}{\sqrt{(L_1 + L_3)C}}, \quad f = \frac{1}{2\pi\sqrt{(L_1 + L_3)C}} \tag{9.37}$$

となる. また, 振幅条件は式 (9.32) から

$$h_{fe} > \frac{L_1}{L_3} \tag{9.38}$$

となる.

水晶発振回路

LC 発振回路で L の代わりに水晶振動子を利用したものを**水晶発振回路**という. **水晶振動子** (crystal resonator) とは図 9.15（a）のように水晶の結晶から切り取った薄板に電極をつけたもので, 電圧を加えると歪み, 外力で歪ませると電圧を発生するといった**圧電効果** (piezoelectric effect) を起こす. これを電気的に見ると図 9.15（b）の等価回路となり, 図 9.15（c）の周波数特性をもつ. ここで, f_s, f_p はそれぞれ,

$$f_s = \frac{1}{2\pi\sqrt{L_0 C_0}}$$

$$f_p = \frac{1}{2\pi\sqrt{L_0 C_0}}\sqrt{1 + \frac{C_0}{C_1}} \tag{9.39}$$

で表される. 一般に $C_1 \gg C_0$ であるため, f_s と f_p の差は非常に小さく, それらの間の周波数で利用すれば L の値が変動しても周波数はほとんど変化しない. このため, 安定した周波数の発振を得ることができる. 図 9.16 に水晶振動子をコルピッツ発振回路に用いた回路を示す.

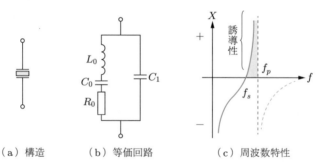

（a）構造 　　（b）等価回路 　　（c）周波数特性

図 9.15 　**水晶振動子**

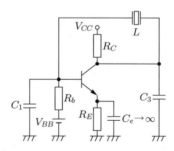

図 9.16 　**水晶発振回路（コルピッツ形）**

演習問題

9.1 図 9.17 のブロック図について，以下の問いに答えよ．

（a）オープンループ利得（一巡伝達関数）を求めよ．

（b）伝達関数 V_o/V_i を求めよ．

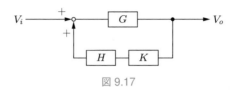

図 9.17

9.2 発振器が発振するための条件を述べよ．

9.3 図 9.5 のウィーンブリッジ発振器において $C_1 = C_2 = 1\,\mu\mathrm{F}$，$R_1 = R_2 = 1\,\mathrm{k\Omega}$，$R_i = R_f = 1\,\mathrm{k\Omega}$ のとき，発振するかどうかを調べよ．発振しない場合，R_f だけを変更できるとして，発振させるには値をいくらにすればよいか．

9.4 図 9.13 のコルピッツ発振回路において $f = 100\,\mathrm{kHz}$ となる L，C_1，C_3 を求めよ．ただし，$C_1 = C_3 = C$ とする．

9.5 図 9.14 のハートレー発振回路において $L_1 = L_3 = 1\,\mu\mathrm{H}$，$C = 10\,\mathrm{nF}$ のときの発振周波数 f を求めよ．

9.6 図 9.15（b）の等価回路で示される水晶振動子を図 9.16 の回路に使用したとき，その発振周波数を求めよ．ただし，$C_1 = 40.4\,\mathrm{pF}$，$C_0 = 3.92\,\mathrm{pF}$，$L_0 = 386\,\mu\mathrm{H}$，$R_0 = 8.48\,\Omega$ とする．

10 変調・復調回路

　一般的な信号伝送の流れを図 10.1 に示す．信号は送信前に**変調** (modulation) という操作によって伝送路に適した信号に変換され，出力される．この出力信号は伝送路を経由して受信され，**復調** (demodulation) という操作によって元の信号に戻される．**伝送路**とは信号が通過する媒体であり，たとえば，有線通信の電気ケーブルや，携帯電話の電波が放射される空間にあたる．

　ここで，変調と復調が行われる理由をラジオ放送を例に説明する．低周波の音声信号をそのまま電波として空間に放射することを考えた場合，アンテナ長は信号の波長に比例するため，非現実的な長さとなり，実現できない．そこで，アンテナが小型となるよう高周波信号を使って音声信号を送ることができれば便利である．

　この考えを周波数領域で表したものが図 10.2 である．ここでは，低周波の音声信号を高周波信号に変換することが**変調**であり，伝送路を経由して受信された高周波信号

図 10.1　信号伝送

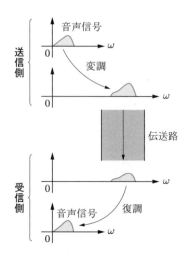

図 10.2　周波数領域で見た信号伝送

から原信号を抽出することが**復調**である.

本章では, 主な変調方式, 復調方式とそれぞれの代表的な回路について述べる. いずれも**搬送波** (carrier) とよばれる高周波の単一周波数を用い, その振幅, 周波数, 位相のいずれかを原信号に応じて変化させる. それぞれの方式を**振幅変調** (AM: amplitude modulation), **周波数変調** (FM: frequency modulation), **位相変調** (PM: phase modulation) という. 今後の説明では, 送信したい原信号を**変調波**といい, 変調によって得られた信号を**被変調波**とよぶことにする.

一般に信号が伝送路を通過すると, ノイズが加わり波形が歪むが, これらが復調の際に与える影響は変調方式によって異なる. また, 必要とする周波数帯域も変わるため, 用途に合わせて使い分けられる.

10.1 振幅変調

振幅変調は, 図 10.3 に示すように搬送波の振幅を変調波に合わせて変化させる. ここで, 変調波 $v_m(t)$, 搬送波 $v_c(t)$ をそれぞれ,

$$v_m(t) = V_m \cos \omega_m t \tag{10.1}$$
$$v_c(t) = V_c \cos \omega_c t \tag{10.2}$$

とすると, 被変調波 v_{am} は

$$\begin{aligned} v_{am}(t) &= (V_c + V_m \cos \omega_m t) \cos \omega_c t \\ &= V_c(1 + m \cos \omega_m t) \cos \omega_c t \end{aligned} \tag{10.3}$$

となる. ここで,

$$m = \frac{V_m}{V_c} \tag{10.4}$$

であり, m を**変調度** (modulation degree) という. $m > 1$ の場合を**過変調**といい, 図 10.4 のように搬送波の包絡線が折り返され, 信号が歪む. したがって, $m < 1$ で

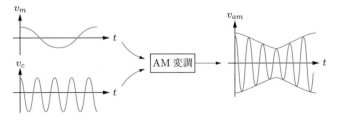

図 10.3 振幅変調

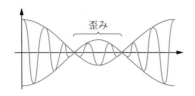

図 10.4　過変調波形

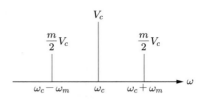

図 10.5　被変調波のスペクトル

なければならない.

式 (10.3) をさらに変形すると,次式が得られる.

$$
\begin{aligned}
v_{am}(t) &= V_c(1 + m\cos\omega_m t)\cos\omega_c t \\
&= V_c\cos\omega_c t + mV_c\cos\omega_m t\cos\omega_c t \\
&= V_c\cos\omega_c t + \frac{m}{2}V_c\cos(\omega_c - \omega_m)t + \frac{m}{2}V_c\cos(\omega_c + \omega_m)t
\end{aligned}
$$

$$(10.5)$$

この信号の周波数成分を**スペクトル**表示すると,図 10.5 のように搬送波周波数 ω_c を中心としてその両側 ω_m 離れたところに線スペクトルが現れる.

　実際の信号は単一正弦波ではなく,図 10.6 (a)のように帯域幅をもったスペクトルとなる.これが振幅変調によって図 10.6 (b)のスペクトルとなる.搬送波より低い信号帯域を**下側波帯**,高い帯域を**上側波帯**という.また,被変調波全体が占める帯域を**占有周波数帯域**という.

　電波の有効利用の観点から被変調信号の占有帯域幅は狭いほうがよい.図 10.6 (b)を見ると信号成分は両側波帯にあるので,どちらか一方のみ伝送しても復元可能である.また,受信側で搬送波を補うことが可能であれば,搬送波のスペクトルも除くことができ,送信電力を削減できる.このようにして一つの側波帯のみ伝送することを**SSB 変調**(single side band modulation)といい,両側波帯を送る方式を **DSB 変調**(double side band modulation)という.

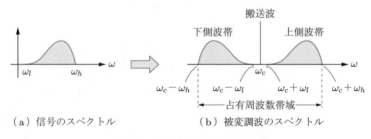

（a）信号のスペクトル　　　（b）被変調波のスペクトル

図 10.6　帯域幅をもつ信号の変調

振幅変調はほかの方式と比べて占有帯域幅が狭いため電波の有効利用の点で優れるが，ノイズによって振幅が乱されても原理上除去できないためノイズに弱い．そこで，音質があまり問われない会話やニュースなどの番組放送などに利用される．日本のAMラジオ放送は振幅変調（AM）方式である．

10.2　振幅変調回路

ここでは，振幅変調を行う代表的な変調回路について説明する．

10.2.1　コレクタ変調回路

　図10.7にコレクタ変調回路を示す．これは5章のエミッタ接地トランジスタ増幅器に搬送波信号 v_c を入力し，コレクタ抵抗 R_C の代わりに変調信号 v_m を挿入した回路である．ここでは，バイアス電流を非常に小さく設定し，v_c の正の半波のみを増幅

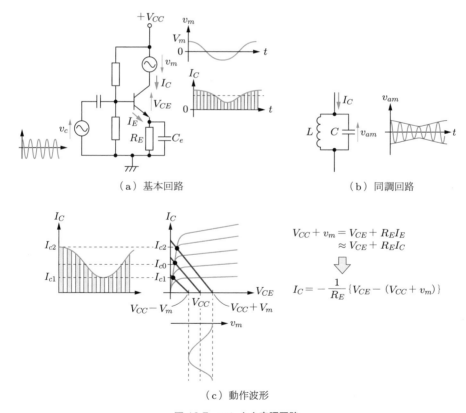

（a）基本回路　　　　　　　　　　　　（b）同調回路

$$V_{CC} + v_m = V_{CE} + R_E I_E$$
$$\approx V_{CE} + R_E I_C$$

⇓

$$I_C = -\frac{1}{R_E}\{V_{CE} - (V_{CC} + v_m)\}$$

（c）動作波形

図 10.7　コレクタ変調回路

する．増幅率は最大とし，コンデンサ C_e は高周波の搬送波 v_c に対して短絡，低周波 v_m に対して開放とみなせる容量を選ぶ．ここで，コレクタ – エミッタ側の瞬時電圧，電流の関係は，

$$V_{CC} = -v_m + V_{CE} + R_E I_E \approx -v_m + V_{CE} + R_E I_C$$

$$I_C = -\frac{1}{R_E}\{V_{CE} - (V_{CC} + v_m)\} \tag{10.6}$$

となり，負荷直線が得られる．これとトランジスタ特性との交点が動作点であり，この関係を図 10.7（c）に示す．トランジスタは飽和領域で動作するので，動作点が最大電流となる．さらに，負荷直線は変調信号 v_m によってゆるやかに変動するので，最大電流 I_C も I_{c1} から I_{c2} の間でゆるやかに変動した波形となる．この電流を何らかの工夫で図 10.7（b）の LC 同調回路に入力し，ω_c 近傍の帯域のみ通過させることにより直流成分および余分な高調波成分を除去し，被変調波 v_{am} を得ることができる．

10.2.2　リング変調回路

図 10.8 に**リング変調回路**を示す．ダイオードをリング状に 4 個配置し，これに搬送波電圧を加えることによってダイオードスイッチを切り替えて被変調波 v_{am} を作り出す．図 10.9 にその動作原理を示す．ここで，搬送波 v_c の振幅は変調波 v_m に比べて十分大きいとする．すると，v_c の正の半周期，すなわち $v_c > 0$ のときには，ダイオード D_1，D_3 がオン，D_2，D_4 がオフになるので，図 10.9（a）の接続となる．このため出力は $v_{am} = v_m$ となる．

つぎに，v_c が負の半周期，すなわち $v_c < 0$ のときには D_2，D_4 がオン，D_1，D_3 がオフになるので，図 10.9（b）の接続となる．このため，出力は $v_{am} = -v_m$ と，極性が反転している．v_c は高周波であるため，この切り替えは高速で行われる．また，v_c

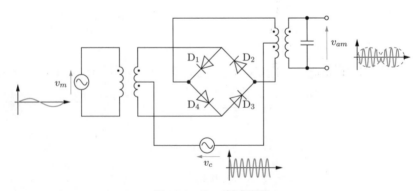

図 10.8　リング変調回路

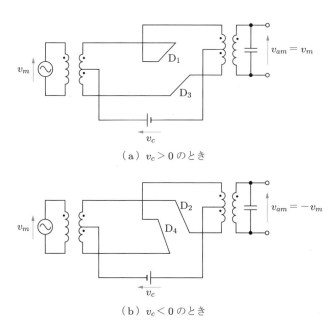

（a）$v_c > 0$ のとき

（b）$v_c < 0$ のとき

図 10.9　リング変調回路の動作原理

の電圧はトランスのセンタータップを経由して加わるため，出力トランスでは打ち消され現れない．したがって，出力 v_{am} は搬送波が除かれた DSB 変調となる．

10.3 **振幅復調回路**

振幅変調された被変調信号から変調信号を抽出する復調回路について説明する．復調回路は検波回路ともよばれる．ここでは代表的な復調回路として，包絡線検波と同期検波について述べる．

10.3.1　包絡線検波

包絡線検波回路を図 10.10 に示す．これは 4 章の半波整流回路と同じである．コンデンサ C がなかった場合，ダイオードによって被変調波の正の半周期のみ出力に現れるが，コンデンサを付加した場合，放電特性はゆるやかになり，包絡線に近い波形を得る．検波回路の中でもっとも簡単な回路である．ただし，放電の時定数が大きくなると，図 10.11 のように信号の減少に対して放電が追いつかず，歪んだ波形となる．この現象を**ダイアゴナルクリッピング**という．

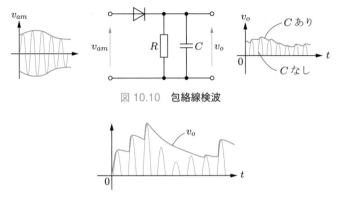

図 10.10　包絡線検波

図 10.11　ダイアゴナルクリッピング

10.3.2　同期検波

　同期検波のブロック図を図 10.12 に示す．これは，被変調波 v_{am} に同期した正弦波信号を受信側で発生させ掛け合わせることにより，変調波を得る方法である．

　v_{am} を式 (10.3) とすれば，これに $\cos\omega_c t$ を掛けることにより，以下の出力 v_o を得る．

$$
\begin{aligned}
v_o(t) &= V_c(1 + m\cos\omega_m t)\cos^2\omega_c t \\
&= V_c(1 + m\cos\omega_m t)\frac{1 + \cos 2\omega_c t}{2} \\
&= \frac{V_c}{2}(1 + m\cos\omega_m t) + \frac{V_c}{2}(1 + m\cos\omega_m t)\cos 2\omega_c t \qquad (10.7)
\end{aligned}
$$

ここで，最右辺の第 2 項の $2\omega_c$ の高周波成分をローパスフィルタ（LPF）を使って除去し，さらに直流成分を除去すると，式 (10.1) に比例した信号 v_m が得られる．同期検波はノイズに強い特徴があり，一般の AM ラジオの復調回路に使用されている．

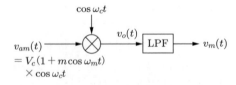

図 10.12　同期検波

10.4 周波数変調

周波数変調は図 10.13 のように搬送波の周波数を変調波に合わせて変化させる方法であり，変調波 v_m を式 (10.1) とすれば，被変調波 v_{fm} の角周波数 $\omega(t)$ は，

$$\omega(t) = \omega_c + \Delta\omega \cos\omega_m t \tag{10.8}$$

で表される．ここで，$\Delta\omega$ は v_m の振幅に比例する量であり，**最大周波数偏移**という．

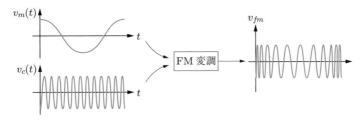

図 10.13　周波数変調

したがって，v_{fm} の位相 $\theta(t)$ は

$$\begin{aligned}
\theta(t) &= \int \omega(t)\,dt = \int (\omega_c + \Delta\omega \cos\omega_m t)\,dt \\
&= \omega_c t + m_f \sin\omega_m t
\end{aligned} \tag{10.9}$$

となる．ただし，

$$m_f = \frac{\Delta\omega}{\omega_m} \tag{10.10}$$

であり，これを**変調指数** (modulation index) という．

したがって，被変調信号 $v_{fm}(t)$ は，

$$\begin{aligned}
v_{fm}(t) &= V_c \cos\theta(t) \\
&= V_c \cos(\omega_c t + m_f \sin\omega_m t)
\end{aligned} \tag{10.11}$$

となる．さらにこの式を変形すると，

$$\begin{aligned}
v_{fm}(t) &= V_c \cos(\omega_c t + m_f \sin\omega_m t) \\
&= V_c \cos\omega_c t \cos(m_f \sin\omega_m t) - V_c \sin\omega_c t \sin(m_f \sin\omega_m t)
\end{aligned} \tag{10.12}$$

となる．

ここで，第 1 種ベッセル関数 $J_n(m_f)$ という関数についての数学公式を利用すると，

$$\cos(m_f \sin \omega_m t) = J_0(m_f) + 2 \sum_{n=1}^{\infty} J_{2n}(m_f) \cos 2n\omega_m t$$

$$\sin(m_f \sin \omega_m t) = 2 \sum_{n=0}^{\infty} J_{2n+1}(m_f) \sin(2n+1)\omega_m t$$

(10.13)

となり，これを式 (10.12) に代入し，整理すると，

$$\begin{aligned} v_{fm}(t) = V_c \big[&J_0(m_f) \cos \omega_c t + J_1(m_f)\{\cos(\omega_c + \omega_m)t - \cos(\omega_c - \omega_m)t\} \\ &+ J_2(m_f)\{\cos(\omega_c + 2\omega_m)t + \cos(\omega_c - 2\omega_m)t\} \\ &+ J_3(m_f)\{\cos(\omega_c + 3\omega_m)t - \cos(\omega_c - 3\omega_m)t\} + \cdots \big] \end{aligned}$$

(10.14)

が得られる．ここで，第 1 項は搬送波を表し，残りはその両側に ω_m の間隔で現れる側波帯を表している．これを図示すると図 10.14 となる．スペクトルは理論上無限に存在するが，$J_n(m_f)$ は $n > m_f$ で急減するので，実用的には帯域幅 ω_B は

$$\omega_B = 2\omega_m(m_f + 1)$$

(10.15)

で十分であることが知られている．

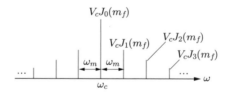

図 10.14　周波数変調のスペクトル

　周波数変調は占有周波数帯域が広いため，電波の有効利用の点で振幅変調より劣るが，被変調波の振幅がノイズで乱されてもその影響を受けにくい．また，雑音圧縮特性があるため，多少の波形劣化が起こっても原信号を比較的忠実に再現でき，高い音質を維持できる．したがって，音質が重要な音楽番組放送などに利用される．ラジオの FM 放送は周波数変調（FM）を採用している．

10.5　位相変調

　位相変調は搬送波の位相を信号に合わせて変化させる方法で，変調信号を式 (10.1) とすれば，被変調波 v_{pm} の位相 φ は

$$\varphi = \Delta\varphi \cos\omega_m t \tag{10.16}$$

となる．よって，v_{pm} の瞬時位相角 $\theta(t)$ は，

$$\theta(t) = \omega_c t + \varphi(t) \tag{10.17}$$

となる．したがって，被変調波 $v_{pm}(t)$ はつぎのようになる．

$$
\begin{aligned}
v_{pm}(t) &= V_c \cos\theta(t) \\
&= V_c \cos(\omega_c t + \Delta\varphi \cos\omega_m t)
\end{aligned}
\tag{10.18}
$$

ここで，$\Delta\varphi$ を**最大位相変位**といい，これは変調波の振幅 V_m に比例する量である．

この結果は，周波数変調の式 (10.11) と似ており，式 (10.18) において $\Delta\varphi \to m_f$，$\cos \to \sin$ に変換することで一致する．よって，位相変調は周波数変調と本質的に等価であるので，10.6 節と 10.7 節では周波数変復調回路についてのみ述べる．

10.6 周波数変調回路

周波数変調を行う回路について，代表的な回路の動作原理を述べる．

10.6.1 可変容量を用いた周波数変調回路

図 10.15 に可変容量による周波数変調の原理を示す．9 章で述べた LC 発振回路，RC 発振回路のいずれにおいても，その発振周波数 f_c はコンデンサ C の容量に依存するので，この容量を変調信号 v_m で変えることができれば，発振回路から被変調波 v_{fm} が直接得られる．図 10.16 に電圧信号で可変容量を実現する回路を示す．**可変容**

図 10.15　**可変容量コンデンサを使った発振回路**

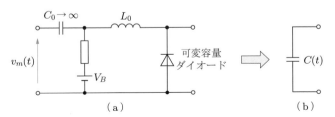

図 10.16　**変調波による容量制御**

量ダイオード (variable capacitance diode) は，ダイオードを逆バイアスしてできる容量がバイアス電圧の大きさで変化する特徴を活かした素子である．これに V_B の固定バイアスを与え，さらにコンデンサ結合 C_0 を使って変調信号 $v_m(t)$ をバイアスに重畳することで，図 10.16（b）のように可変容量コンデンサ $C(t)$ を実現できる．インダクタ L_0 は低周波 v_m に対しては短絡，高周波 f_c に対しては開放とみなせる値を選択し，$C(t)$ のバイアス回路が発振回路に影響を与えないように分離する働きをもつ．

10.6.2　リアクタンストランジスタを用いた周波数変調回路

図 10.17（a）のように，トランジスタと C，R を組み合わせて可変容量を実現することができる．図 10.17（b）に小信号等価回路を示す．この図から

$$I_b = \frac{R}{R + h_{ie}} I' \tag{10.19}$$

$$I = I' + h_{fe}I_b \tag{10.20}$$

となるので，

$$I = \left(\frac{R + h_{ie}}{R} + h_{fe} \right) I_b \tag{10.21}$$

が得られる．また，V は図から

$$V = \left(\frac{1}{j\omega C} + R /\!/ h_{ie} \right) I'$$
$$= \left(\frac{1}{j\omega C} + R /\!/ h_{ie} \right) \left(\frac{R + h_{ie}}{R} \right) I_b \tag{10.22}$$

となるので，端子 a，b から見たインピーダンス Z は次式となる．

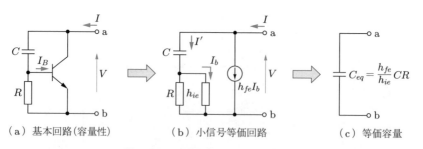

（a）基本回路（容量性）　　　（b）小信号等価回路　　　（c）等価容量

図 10.17　リアクタンストランジスタ

$$Z = \frac{V}{I} = \frac{\left(\dfrac{1}{j\omega C} + R /\!/ h_{ie} \right) \left(\dfrac{R + h_{ie}}{R} \right)}{\dfrac{R + h_{ie}}{R} + h_{fe}} \tag{10.23}$$

ここで，$h_{ie} \gg R,\ 1/\omega C \gg R,\ h_{fe} \gg h_{ie}/R$ ならば，

$$Z = \frac{1}{j\omega CR} \frac{h_{ie}}{h_{fe}} = \frac{1}{j\omega C_{eq}} \tag{10.24}$$

と表され，Z はコンデンサと等価となる．その容量 C_{eq} は

$$C_{eq} = \frac{h_{fe}}{h_{ie}} CR \tag{10.25}$$

である．h_{fe}/h_{ie} はトランジスタのバイアスで変化するので，変調信号に応じてバイアスを変化させれば，可変容量を実現できる．あとは，これを発振回路に使用すれば周波数変調波を得ることができる．

10.7 周波数復調回路

　周波数変調された被変調信号を復調するための回路について述べる．復調の原理は，周波数に比例した電圧信号を得ることであり，これをどう実現するかによっていくつかの方式に分かれる．

10.7.1 複同調回路

　図 10.18（a）に**複同調回路**を示す．ここでは，LC 共振を使った同調回路を二つ用いる．上半分は L_1，C_1 の同調回路によって ω_1 を中心とした共振特性が得られる．これを半波整流・平滑することで，図 10.18（b）の周波数 – 電圧変換特性 v_1 を実現する．ただし，このままでは直線性が良くないため，L_2，C_2 による同調回路を別途設け，v_1 とは逆極性に整流・平滑を行い，ω_2 を中心とする共振特性 v_2 を得る．そして

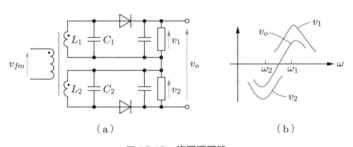

（a）　　　　　　　　　　　　　（b）

図 10.18　複同調回路

この両者の和を取ることで，線形性を高めた特性 v_o を得る．これを使って周波数 – 電圧変換を行う．

10.7.2 PLL を用いた復調回路

図 10.19 に PLL を用いた復調回路を示す．PLL とは phase locked loop の略で，ある周波数に同期した信号を得たい場合や周波数変換したい場合に使われる制御ループである．この機能をまとめて IC 化し，一つの部品として扱う．この中には，位相比較（PD），ローパスフィルタ（LPF），電圧制御発振器（VCO）が含まれており，常に VCO 出力 f_c が入力信号 f_{fm} と同期するように働く．PD では，f_c と f_{fm} の位相を比較し，この出力を LPF に通すことにより位相差に応じた電圧信号 v_L を得る．この電圧を使って VCO の発振周波数 f_c を変化させ，入力信号 f_{fm} に同期するように制御する．これにより，VCO の発振周波数 f_c は常に変調波 f_{fm} を追従するように制御されるが，この状態の VCO 制御電圧 v_L が復調信号となる．

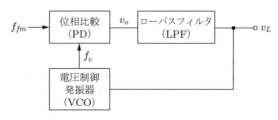

図 10.19 PLL による復調回路

演習問題

10.1 つぎの用語を簡潔に説明せよ．

（a）AM 変調，（b）FM 変調，（c）PM 変調

10.2 振幅変調において，被変調信号の振幅が最大 5 V，最小 4 V のとき，変調度を求めよ．ただし，変調信号は正弦波であるとする．

10.3 SSB 変調を説明せよ．

10.4 振幅変調波を 2 乗すると変調信号を抽出することができる．この理由を述べよ．

10.5 図 10.17（a）のリアクタンストランジスタにおいて $I_B = 5\,\mu\mathrm{A} \sim 10\,\mu\mathrm{A}$ としたときの可変容量の変動範囲を求めよ．ただし，$C = 100\,\mathrm{pF}$，$R = 10\,\mathrm{k\Omega}$，$h_{fe} = 80$，$h_{ie} = 25 \times 10^{-3}/I_B$ [Ω] であるとする．

10.6 周波数変調回路を使って位相変調を行うにはどうすればよいか述べよ．

11 直流安定化電源

4章で交流電圧を直流に変換する整流回路および平滑回路について述べた．しかし，ほとんどの電子機器はより変動の少ない安定した直流電圧を必要とするため，さらに電圧を安定化する回路が使われる．この目的で作られた装置を**直流安定化電源** (DC regulated power supply) という．本章では，さまざまなタイプの直流安定化電源をその原理に基づいて分類し，それぞれの特徴を詳しく述べる．ここでは，直流から直流への変換を対象とするが，整流平滑回路を含めて交流から直流へ変換する装置を直流安定化電源ということもある．

まず，安定化電源はその原理から大きく分けて

（1）**連続制御方式**

（2）**スイッチング制御方式**

に分類される．いずれの方式も図 11.1 に示すように，変動を伴った入力電圧から安定した直流電圧を得るために出力電圧を常に監視し，そのわずかな変化を検出して変動を抑制する方向に制御を行う．以下それぞれの方式について原理を述べる．

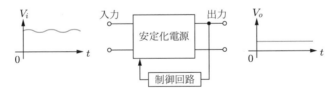

図 11.1　**直流安定化電源**

11.1　連続制御方式

連続制御方式とは，電圧安定化のために出力電圧を監視し，その検出量に基づいて操作量を連続的に変化させる方式をいう．連続制御方式には**シリーズレギュレータ**と**シャントレギュレータ**がある．

11.1.1 シリーズレギュレータ

シリーズレギュレータ (series regulator) は図 11.2 に示すように，負荷抵抗 R_L と入力電源 V_i との間に可変抵抗 R を直列（シリーズ）に接続し，可変抵抗を調節して V_o を一定に保つ．図 11.2 から次式の関係が得られる．

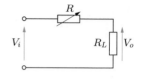

図 11.2　シリーズレギュレータ

$$V_o = \frac{R_L}{R + R_L} V_i \qquad (11.1)$$

もし入力電圧 V_i が上昇した場合，可変抵抗 R を増大させることで，負荷抵抗の分圧比を下げ，R_L での電圧上昇を抑える．逆に V_i が低下した場合は，R を小さくして負荷抵抗の分圧比を上げる．

11.1.2 シャントレギュレータ

図 11.3 にシャントレギュレータ (shunt regulator) の原理を示す．負荷抵抗 R_L と並列に可変抵抗 R を接続し，電流を分岐（シャント）させることからこうよばれる．ここで，負荷と直列に固定抵抗 r を接続すると，図 11.3 より以下の関係が得られる．

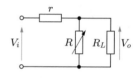

図 11.3　シャントレギュレータ

$$V_o = \frac{R /\!/ R_L}{r + R /\!/ R_L} V_i \qquad (11.2)$$

もし V_i が上昇した場合，シャント抵抗 R を小さくし，電流を R へ迂回させることにより負荷抵抗の電圧上昇を抑制する．逆に V_i が低下した場合は，抵抗値 R を大きくし，分岐電流を減少させることで電圧低下を抑える．

11.1.3 シリーズレギュレータの実用回路

11.1.1 項と 11.1.2 項のいずれの方式も，入力電圧の変化に応じて可変抵抗 R を調整し，出力電圧の安定化をはかる．この原理に基づいて実用回路を作るには，

（1）どのようにして可変抵抗 R を実現するか

（2）どのような手順で R を調整するか

が問題となる．

（1）については通常，トランジスタを用いる．トランジスタはベース電流によって制御される可変電流源であるが，「電流の流れにくさ」＝「抵抗」であることを考えると，ベース電流によって制御される可変抵抗とみなすことができる．

（2）については，まず出力電圧を検出し，これを基準値（基準電圧）と比較し，増幅した信号を用いて可変抵抗（トランジスタ）を調整すればよい．たとえば出力電圧が上昇した場合，誤差信号が増大するので，それに応じてベース電流を減らす工夫を施すといった具合である．

以上の考え方に沿って作られたシリーズレギュレータ回路を図 11.4 に示す．ここではトランジスタ Tr_2 を可変抵抗として用いる．また，ツェナーダイオード Z_D は抵抗 R_3 を介して逆方向バイアスされるので，安定したツェナー電圧 V_Z が発生する．これを電源の基準電圧とし，出力電圧を分圧した電圧 V_o' と比較する．V_o' が V_Z より大きいと Tr_1 のベース電流 I_{b1} が増加し，I_{c1} が流れる．すると，これまで流れていた Tr_2 のベース電流 I_{b2} が減少し，その結果 I_{c2} も減少し出力電圧が低下する．すなわち，

$$I_{b1} \text{ 増加} \rightarrow I_{c1} \text{ 増加} \rightarrow I_{b2} \text{ 減少} \rightarrow I_{c2} \text{ 減少} \rightarrow V_o \text{ 低下}$$

となり，出力電圧の上昇を抑える．

一方，V_o' が低下し，V_Z に近づくと，

$$I_{b1} \text{ 減少} \rightarrow I_{c1} \text{ 減少} \rightarrow I_{b2} \text{ 増加} \rightarrow I_{c2} \text{ 増加} \rightarrow V_o \text{ 上昇}$$

となり，出力電圧低下を抑えることができる．

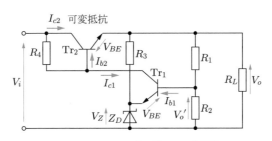

図 11.4　シリーズレギュレータ回路

V_o' と V_o の関係は，Tr_1 のベース電流 I_{b1} が小さいとして無視すると，

$$V_o' = \frac{R_2}{R_1 + R_2} V_o \tag{11.3}$$

となる．

また，I_{b1} の増減によって Tr_2 が制御されるので，常に $I_{b1} > 0$ である必要があり，このための条件は，Tr_1 のベース‐エミッタ間電圧 V_{BE} を考慮すると，

$$V_o' > V_Z + V_{BE} \tag{11.4}$$

となる．式 (11.3) を式 (11.4) に代入して整理すると，

$$V_o > \left(1 + \frac{R_1}{R_2}\right)(V_Z + V_{BE}) \qquad (11.5)$$

となり，この条件を満たせば負帰還が働き，電圧が安定化する.

安定化した電圧 V_o は，負帰還が高感度で働くと考えると，

$$V_o \approx \left(1 + \frac{R_1}{R_2}\right)(V_Z + V_{BE}) \qquad (11.6)$$

となるので，R_1, R_2, V_Z によって出力電圧を任意に設定できる. ただし，Tr_2 が常に機能するためには

$$V_i > V_o + V_{BE} \qquad (11.7)$$

でなければならない.

　この連続制御方式の特徴は，出力電圧の調整をトランジスタを使って連続的に制御するので，高精度に出力調整ができることである. その反面，不要な電圧を可変抵抗に分圧させる（シリーズレギュレータ），不要な電流を分岐して逃がす（シャントレギュレータ）など，原理上，抵抗に電流を流すため，必ず電力損失が起こる. このため，電力変換効率が低く，大容量の安定化電源には適さない. また，本質的に抵抗の組み合わせ回路であるので，入力より高い出力電圧を得ることはできない.

11.2　スイッチング制御方式

　スイッチング制御方式とは，入力電源と負荷抵抗の間にスイッチを設け，スイッチのオン，オフの割合を調整することによって平均電力を調整し，出力電圧を安定化する方式である. 一般に**スイッチングレギュレータ**または**スイッチングコンバータ** (switching converter) とよばれる. その代表的な回路を図 11.5 に示す. これは降圧形コンバータとよばれる方式であり，入力電圧 V_i をスイッチ S を使って出力側へつないだり切っ

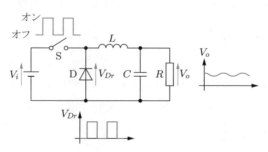

図 11.5　スイッチング制御方式（降圧型）

たりすることで電力の平均量を調整し，出力電圧 V_o を安定化する．たとえば，スイッチ S を仮にオンのままにすると，出力電圧は入力電圧と同じ値まで上昇する．逆にスイッチをオフのままにすると，入力電力が絶たれるため出力電圧は 0 となる．そこで，スイッチのオン，オフを高速に繰り返し，その割合を変えれば平均電流や電力が調整でき，この結果出力電圧を安定化することができる．この繰り返し周期に対するオン期間の割合を**時比率**という．図 11.5 では機械的なスイッチを描いたが，実際にはトランジスタを使ってそのベース電流を流したり止めたりすることで等価的に実現する．このような働きをする半導体素子を**半導体スイッチ** (semiconductor switch) という．

半導体スイッチの時比率制御方法は，図 11.6 に示すように基準電圧と出力電圧の差を**誤差増幅**し，出力電圧が高ければ時比率を下げ，低ければ時比率を上げるようスイッチ S の制御信号のパルス幅を調整する．この役割を果たすのが **PWM** (pulse width modulation) 制御部である．パルス幅が決まったら実際に半導体スイッチ（トランジスタ）に必要な電圧，電流レベルに変換し，トランジスタを駆動する．この部分を**駆動回路**という．

スイッチング制御方式は，

- 原理的に抵抗を使わないので電力損失がなく，高効率の電源を実現できること
- スイッチング周期を短くすることにより LC 部品を小型化できるので小型電源が容易に実現できること

などの特徴をもち，今日のほとんどの電子機器用電源として使用されている．一方，連続制御方式と比べてオン，オフ動作による脈流（リプル）やスイッチングノイズが発生するので，注意が必要である．

スイッチング電源には種々の方式があるが，その基本回路は以下の三つに集約される．

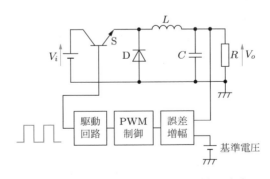

図 11.6　**スイッチングレギュレータの制御方式**

11.2.1　降圧形コンバータ

図 11.7 の回路はその出力電圧が入力電圧より低くなることから，**降圧形コンバータ** (buck converter) といわれる．スイッチ S の状態によって図 11.8 の二つの等価回路が得られる．ここで，半導体スイッチおよびダイオードは理想的であり，電力損失はないとする．また，容量 C は十分大きいため，スイッチング周期内でのコンデンサ電圧 V_o はほぼ一定と近似する．

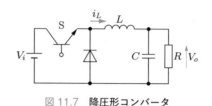

図 11.7　降圧形コンバータ

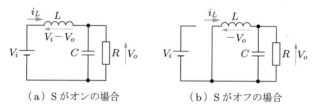

（a）S がオンの場合 　　　（b）S がオフの場合

図 11.8　降圧形コンバータの等価回路

ここで，インダクタ電流 i_L の動きに注目する．図 11.9 はインダクタ電流の概形を示している．スイッチ S がオンの場合，コンバータは図 11.8（a）で示される．よって，L に印加される電圧と電流の関係は，式 (1.5) の関係を用いて

$$\frac{di_L}{dt} = \frac{V_i - V_o}{L} \tag{11.8}$$

となる．式 (11.8) はインダクタ電流 i_L の傾きを示しており，直線的に増加する．

つぎに，S がオフの場合，コンバータは図 11.8（b）で示される．よって，L に印加される電圧と電流の関係は

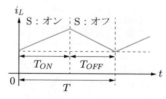

図 11.9　インダクタ電流の概形

$$\frac{di_L}{dt} = -\frac{V_o}{L} \tag{11.9}$$

となる．式 (11.9) も i_L の傾きを示しており，電流は直線的に減少する．

ここで，コンバータの動作が十分落ち着いた状態（定常状態）を考える．図 11.9 のインダクタ電流 i_L は周期 T ごとに同じ動作を繰り返すため，T 経過後の電流値は元に戻るはずである．すなわち，1 周期内での電流の増減は最終的に 0 となる．この状態を式で表すと，式 (11.8)，(11.9) から

$$\frac{V_i - V_o}{L} T_{ON} - \frac{V_o}{L} T_{OFF} = 0 \tag{11.10}$$

となる．ここで，T_{ON}，T_{OFF} はそれぞれ S のオン期間，オフ期間を示しており，

$$T = T_{ON} + T_{OFF} \tag{11.11}$$

が常に成り立つ．式 (11.10) から

$$(V_i - V_o)T_{ON} - V_o T_{OFF} = 0$$
$$V_i T_{ON} = V_o(T_{ON} + T_{OFF}) = V_o T$$

となり，

$$\frac{V_o}{V_i} = \frac{T_{ON}}{T} = D \tag{11.12}$$

が得られる．この結果，出力 V_o は入力 V_i の D $(0 \leqq D \leqq 1)$ 倍となって，電圧を下げることがわかる．

11.2.2　昇圧形コンバータ

図 11.10 に**昇圧形コンバータ** (boost converter) を示す．この回路では，スイッチ S がオンになると，V_i は図 11.11 (a) に示すように L で短絡された状態となり，出力側へ電力は伝わらない．一方，S がオフになると L に誘起電圧が発生し，これが入力電圧 V_i に重畳して昇圧するので，図 11.11 (b) のように出力へ電力を供給する．この回路でも，インダクタ電流 i_L は図 11.9 に示すように直線的な増減を繰り返す．

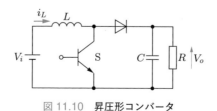

図 11.10　昇圧形コンバータ

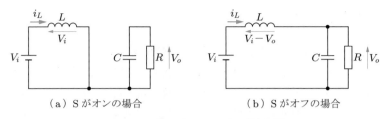

（a）Sがオンの場合 　　　　　　　　 （b）Sがオフの場合

図11.11　昇圧形コンバータの等価回路

　まず，スイッチSがオンの場合，図11.11（a）から

$$\frac{di_L}{dt} = \frac{V_i}{L} \tag{11.13}$$

となり，電流が直線的に増加する．一方，Sがオフの場合，図11.11（b）から

$$\frac{di_L}{dt} = \frac{V_i - V_o}{L} \tag{11.14}$$

が得られ，電流は直線的に減少する．定常状態では1周期T経過後の増減は0となるので，

$$\frac{V_i}{L}T_{ON} + \frac{V_i - V_o}{L}T_{OFF} = 0 \tag{11.15}$$

が成立する．式(11.15)から

$$V_iT_{ON} + (V_i - V_o)T_{OFF} = 0$$
$$V_i(T_{ON} + T_{OFF}) = V_oT_{OFF}$$
$$V_iT = V_oT_{OFF}$$

となり，

$$\frac{V_o}{V_i} = \frac{T}{T_{OFF}} = \frac{T}{T - T_{ON}} = \frac{1}{1 - T_{ON}/T} = \frac{1}{1 - D} \tag{11.16}$$

が得られる．時比率Dは1以下なので$V_o \geqq V_i$となり，電圧が昇圧することがわかる．

11.2.3　昇降圧形コンバータ

　図11.12に**昇降圧形コンバータ** (buck-boost converter) を示す．この回路では，Sがオンになると図11.13（a）に示すように電源がLで短絡され，電流i_Lが直線的に増加する．よって，次式が得られる．

$$\frac{di_L}{dt} = \frac{V_i}{L} \tag{11.17}$$

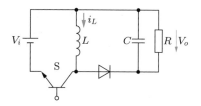

図 11.12　昇降圧形コンバータ

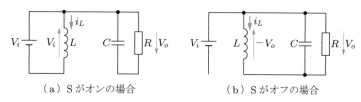

（a）S がオンの場合　　　　　　（b）S がオフの場合

図 11.13　昇降圧形コンバータの等価回路

一方，S がオフになると図 11.13（b）に示す等価回路となり，i_L は直線的に減少する．よって，

$$\frac{di_L}{dt} = -\frac{V_o}{L} \qquad (11.18)$$

となる．定常状態において 1 周期 T 経過後の電流変化は 0 となるので，

$$\frac{V_i}{L}T_{ON} - \frac{V_o}{L}T_{OFF} = 0 \qquad (11.19)$$

が成立する．式 (11.19) から

$$V_iT_{ON} = V_oT_{OFF}$$

となり，

$$\frac{V_o}{V_i} = \frac{T_{ON}}{T_{OFF}} = \frac{T_{ON}}{T - T_{ON}} = \frac{T_{ON}/T}{1 - T_{ON}/T} = \frac{D}{1 - D} \qquad (11.20)$$

が得られる．この方式は，時比率 $D < 0.5$ で降圧し，$D > 0.5$ で昇圧するが，入力電源 V_i に対して出力が負極性となる．

　図 11.14 のように，インダクタ L の代わりに励磁インダクタンスの小さなトランスを用いれば，入出力を絶縁でき，かつ出力が正極性の電圧を得ることができる．このタイプは高電圧発生用電源としてよく用いられる．また，簡単な構造で絶縁できることから，携帯機器用の小型充電器にも使用される．

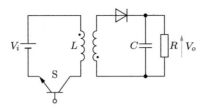

図 11.14　昇降圧形コンバータ（絶縁形）

演習問題

11.1　以下の電源の動作原理を述べよ.

（a）シリーズレギュレータ

（b）シャントレギュレータ

（c）スイッチングレギュレータ

11.2　連続制御方式とスイッチング制御方式について，それぞれ長所と短所を述べよ.

11.3　以下の用語を説明せよ.

（a）半導体スイッチ

（b）時比率

（c）PWM 制御

11.4　図 11.4 のシリーズレギュレータにおいて，$V_i = 25 \sim 30\,\mathrm{V}$ で変動する電圧を $V_o = 5\,\mathrm{V}$ という一定の電圧に変換したい. R_1 と R_2 をいくらにすればよいか. ただし，ツェナー電圧 $V_Z = 2.3\,\mathrm{V}$，$V_{BE} = 0.7\,\mathrm{V}$ とする.

11.5　降圧形コンバータを使って $12\,\mathrm{V}$ の直流を $3\,\mathrm{V}$ に変換したい. このときの時比率を求めよ.

11.6　昇圧形コンバータを使って $6\,\mathrm{V}$ の直流を $30\,\mathrm{V}$ に変換したい. このときの時比率を求めよ.

付録 複素数とフェーザ（ベクトル）

A.1 平面ベクトルと複素数

ベクトルとは空間に大きさと向きをもった線分であり，一般に矢印を使って表す．交流理論では，2次元平面上のベクトルを使って交流電流，電圧，インピーダンスの関係を表す．平面ベクトルの表現方法には以下の2通りがある．

直交座標表示：ベクトルの横軸成分と縦軸成分を使った表示
極座標表示：ベクトルの大きさと角度による表示

交流理論のベクトル表現には，複素数が使われる．その最大の理由は，

（1）直交座標表示，極座標表示どちらも複素数で表現可能である．
（2）複素数表示によるベクトル（以下，**複素ベクトル**という）の合成は複素数の加減算である．
（3）複素ベクトルの回転作用は複素数の乗除算によって得られる．

というように，ベクトルの合成や回転操作が複素数の四則演算にそれぞれ対応していて非常に便利だからである．ここでは，その詳細について述べる．

A.2 ベクトルの直交座標表示と極座標表示

まず，平面上のベクトルを直交座標を使って表示する．たとえば図 A.1 のベクトル V_1 を表現するために，x 軸，y 軸の各成分を求め，

$$(x_1, y_1) \tag{A.1}$$

と表す．これを**直交座標表示**という．このベクトルの大きさ $|V_1|$ と横軸とのなす角度 θ は，図 A.2 に示すとおり直角三角形の関係から

$$|V_1| = \sqrt{x_1{}^2 + y_1{}^2} \quad \text{（三平方の定理）} \tag{A.2}$$

$$\theta = \tan^{-1}\left(\frac{y_1}{x_1}\right) \quad \text{（$\tan^{-1}$ は三角関数 $\tan$ の逆関数）} \tag{A.3}$$

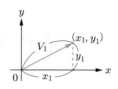

図 A.1　ベクトルの直交座標表示

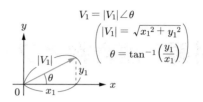

図 A.2　ベクトルの極座標表示

となり，直交座標表示 (x_1, y_1) は大きさ $|V_1|$ と角度 θ による**極座標表示** $(|V_1|, \theta)$ へと変換することができる．すなわち，式 (A.2), (A.3) の対応によって，

$$\text{直交座標表示}\quad (x_1, y_1) \rightarrow \text{極座標表示}\quad (|V_1|, \theta)$$

となる．

　直交座標表示ではベクトル合成が各成分の加減算で済むので計算が容易であるが，ベクトルの形がイメージしにくい．一方の極座標表示は形をイメージしやすいが，ベクトルの合成計算の際に難がある．両者は同じベクトルを表すが表現方法が異なるため，これらの表現を混在させて計算することはできない．しかし，複素数を使うと，直交座標と極座標表示いずれも表現可能で，しかも同じ次元で演算を行うことができる．

　フェーザ表示

　それには，まず図 A.1 の平面を実数を x 軸，虚数を y 軸とおいた複素平面に変換する．すると，図 A.1 のベクトルは図 A.3 の複素平面上で，成分表示として

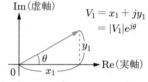

図 A.3　ベクトルの複素数表示

$$V_1 = x_1 + jy_1 \tag{A.4}$$

で表される．さらに，式 (A.4) は以下のように変形できる．

$$V_1 = x_1 + jy_1 = \sqrt{x_1{}^2 + y_1{}^2}\left(\frac{x_1}{\sqrt{x_1{}^2 + y_1{}^2}} + j\frac{y_1}{\sqrt{x_1{}^2 + y_1{}^2}}\right)$$

$$= \sqrt{x_1{}^2 + y_1{}^2}\,(\cos\theta + j\sin\theta) = |V_1|e^{j\theta} \tag{A.5}$$

ここで，$e^{j\theta}$ はオイラーの公式

$$e^{j\theta} = \cos\theta + j\sin\theta \tag{A.6}$$

であり，**大きさ 1，角度 θ の特殊な複素ベクトル**である．

電気回路では複素数を使って平面ベクトルを表すが，その扱いが一般の空間ベクトルと異なってくるので，交流理論ではこれを**フェーザ** (phasor) といい，区別する．ベクトルの大きさ $|V_1|$，角度 θ を使って

$$V_1 = |V_1| \angle \theta \tag{A.7}$$

と表示することを**フェーザ表示**という．ここで，$|V_1|$ は正弦波交流電圧や電流の大きさを表し，通常は**実効値**をとる．角度 θ は**位相角**といい，波のずれの程度を表し，$0 \sim 360°$ もしくは $0 \sim 2\pi$ [rad] で表現する．フェーザ表示は式 (A.5) で示したように

$$|V_1| \angle \theta \ \rightarrow \ |V_1| \, e^{j\theta} = x_1 + jy_1 \tag{A.8}$$

と対応させることができる．この結果，極座標表示成分，直交座標成分どちらでも複素数表現が可能となり，同一次元で計算でき，便利である．このため，今後は複素ベクトルで考える．つぎに，複素数の演算が複素ベクトルの操作にどう対応するかを調べる．

A.4 複素ベクトルの加減算

図 A.4 の複素ベクトル V_1，V_2 が

$$V_1 = x_1 + jy_1 \tag{A.9}$$
$$V_2 = x_2 + jy_2 \tag{A.10}$$

であったとする．このとき，この複素数の加算を行うと，

$$
\begin{aligned}
V_3 = V_1 + V_2 &= x_1 + jy_1 + x_2 + jy_2 \\
&= (x_1 + x_2) + j(y_1 + y_2)
\end{aligned}
\tag{A.11}
$$

となる．V_3 の成分はそれぞれ V_1 と V_2 の成分の和であり，ベクトル V_3 はベクトル V_1 と V_2 を合成したベクトルとなる．同様に，複素数の減算は一方のベクトルを逆向きにして加算することに等しく，ベクトルの差を求めることとなる．

したがって，ベクトルの合成をする場合は，複素数の加減算をすればよい．

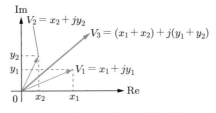

図 A.4　複素ベクトルの合成（和）

A.5　複素ベクトルの乗除算

つぎに，複素ベクトル V_1 と V_2 の掛け算（乗算）について考える．

$$V_1 = x_1 + jy_1$$
$$V_2 = x_2 + jy_2 \tag{A.12}$$

で与えられたとき，二つのベクトルの掛け算 V_3 は

$$V_3 = V_1 \cdot V_2 = (x_1 + jy_1)(x_2 + jy_2)$$
$$= (x_1x_2 - y_1y_2) + j(x_1y_2 + x_2y_1) \tag{A.13}$$

となる．この結果は乗算の意味がわかりにくいので，極座標表示に切り替えて考える．

複素ベクトル V_1，V_2 は，それぞれ以下の形に変形できる．

$$V_1 = x_1 + jy_1 = V_{m1}e^{j\theta_1} \qquad V_2 = x_2 + jy_2 = V_{m2}e^{j\theta_2}$$
$$V_{m1} = \sqrt{x_1{}^2 + y_1{}^2} \qquad V_{m2} = \sqrt{x_2{}^2 + y_2{}^2}$$
$$\theta_1 = \tan^{-1}\left(\frac{y_1}{x_1}\right) \qquad \theta_2 = \tan^{-1}\left(\frac{y_2}{x_2}\right) \tag{A.14}$$

ここで，あらためて乗算を行うと，

$$V_3 = V_1 \cdot V_2 = V_{m1}e^{j\theta_1}V_{m2}e^{j\theta_2} = V_{m1}V_{m2}e^{j(\theta_1+\theta_2)}$$
$$= V_{m3}e^{j\theta_3} \tag{A.15}$$

となる．ただし，

$$V_{m3} = V_{m1}V_{m2}, \quad \theta_3 = \theta_1 + \theta_2 \tag{A.16}$$

である．

式 (A.15)，(A.16) から，ベクトルの掛け算（乗算）によって得られる新たなベクトルは，図 A.5 に示すように

　　　　大きさ → それぞれのベクトルの大きさの積
　　　　角度 → それぞれのベクトルの角度の和

となることがわかる．

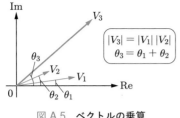

図 A.5　ベクトルの乗算

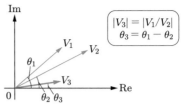

図 A.6　ベクトルの除算

　割り算（除算）についても同様に極座標表示で考えると，

$$V_3 = \frac{V_1}{V_2} = \frac{V_{m1}e^{j\theta_1}}{V_{m2}e^{j\theta_2}} = \left(\frac{V_{m1}}{V_{m2}}\right) e^{j(\theta_1 - \theta_2)}$$

$$= V_{m3}e^{j\theta_3} \tag{A.17}$$

となる．ただし，

$$V_{m3} = \frac{V_{m1}}{V_{m2}}, \quad \theta_3 = \theta_1 - \theta_2 \tag{A.18}$$

である．

　式 (A.17)，(A.18) から，複素ベクトルの除算によって得られるベクトルは，図 A.6 に示すように

大きさ → ベクトルの大きさの除算

角度 → ベクトルの角度の差

で表されることがわかる．つまり，複素数の乗除算は複素ベクトルの**大きさの乗除算**と**回転作用**を生む．

　たとえば，あるベクトル V_1 に**大きさ 1，角度 θ のベクトル V_2** を掛けて得られるベクトルは，ベクトル V_1 を θ 回転した状態となる．逆に V_2 で割ることは，ベクトル V_1 を θ だけ逆回転させたものとなる．この回転作用のみを与えるベクトルは式 (A.6) そのものであり，その大きさは

$$|e^{j\theta}| = \sqrt{\cos^2\theta + \sin^2\theta} = 1 \tag{A.19}$$

である．

　ここで $\theta = \pi/2$ ならば，式 (A.6) は

$$e^{j\frac{\pi}{2}} = \cos\frac{\pi}{2} + j\sin\frac{\pi}{2} = j \tag{A.20}$$

となる．したがって，ある複素ベクトルに j を掛けることは，そのベクトルを 90 度（$\pi/2$ ラジアン）反時計方向へ回転させることを意味する．

同様に $\theta = -\pi/2$ ならば，式 (A.6) は

$$e^{j(-\frac{\pi}{2})} = \cos\left(-\frac{\pi}{2}\right) + j\sin\left(-\frac{\pi}{2}\right) = -j \tag{A.21}$$

となり，$-j$ をある複素ベクトルに掛けること（または j で割ること）は 90 度（$\pi/2$ ラジアン）時計方向へ回転させることを意味する．

A.6 複素ベクトル演算の簡素化

これまでの説明で複素数の四則演算が複素ベクトルにどのように作用するかを述べた．ここで，もし，つぎのような複素ベクトル

$$V = \frac{(a+jb)(c+jd)}{e+jf} \tag{A.22}$$

があった場合，このベクトルの大きさと向きはどのくらいであろうか．まじめに考えれば分子を展開し，さらに分母を有理化後に実数成分，虚数成分に分離して，ベクトルの大きさと角度を考えるだろう．しかし，これでは演算が面倒である．

ここで，先のベクトル演算の意味を理解すれば，すぐに大きさと角度を出すことができる．そのコツは，各括弧内や分母の複素数をそれぞれ独立した複素ベクトルと捉え，V はそれらの乗除算であると考えることである．乗除算で得られるベクトルは，

大きさ $\rightarrow$ 各ベクトルの大きさの乗除算
角度 $\rightarrow$ 各ベクトルの角度の加減算

となる．したがって，ベクトル V は三つのベクトルの乗除算で表され，

$$\text{大きさ} \quad |V| = \frac{\sqrt{a^2+b^2}\,\sqrt{c^2+d^2}}{\sqrt{e^2+f^2}} \tag{A.23}$$

$$\text{角度} \quad \theta = \tan^{-1}\left(\frac{b}{a}\right) + \tan^{-1}\left(\frac{d}{c}\right) - \tan^{-1}\left(\frac{f}{e}\right) \tag{A.24}$$

となる．この方法は式の展開や有理化など複素数の変形に伴う計算が一切不要で，電卓が使用できれば，簡単に求めることができ，便利である．

演習問題解答

● **1**章 ─────────────────────────────────────

1.1 $Z = Z_1 + Z_2$

1.2 $Z = Z_1 /\!/ Z_2 = \dfrac{Z_1 Z_2}{Z_1 + Z_2}$

1.3 $I = \dfrac{E}{R + \dfrac{j\omega L}{1 - \omega^2 CL}}$

1.4 $I = \dfrac{j\omega CE}{1 + j\omega CR}$ であるから，$|I| = \dfrac{\omega CE}{\sqrt{1 + (\omega CR)^2}}$, $\quad \theta = \dfrac{\pi}{2} - \tan^{-1}(\omega CR)$.

1.5 （a）$V_o = \dfrac{V_i}{n}$

（b）抵抗 R_1, R_2 にかかる電圧はそれぞれ $n_1 V_i$, $n_2 V_i$ だから，$V_o = n_1 V_i + n_2 V_i = (n_1 + n_2)V_i$ となる.

1.6 解図 1.1 のように電流・電圧をおくと，$I_2 = nI$, $V_2 = V/n$ となる. ここで $Z = V/I$, $R = V_2/I_2$ であることを考慮すると，$Z = \dfrac{V}{I} = \dfrac{nV_2}{I_2/n} = n^2 \dfrac{V_2}{I_2} = n^2 R$ となる.

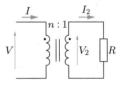

解図 1.1

1.7 （a）$\dfrac{100}{\sqrt{2}}$ V，（b）100 V，（c）100 V，（d）100 V

1.8 （ⅰ）$E_1 \neq 0$, $E_2 = 0$ のとき，解図 1.2 から

$$I_1 = \frac{E_1}{R_1 + R_2 /\!/ R_3} \cdot \frac{R_2}{R_2 + R_3}$$
$$= \frac{R_2 E_1}{R_1(R_2 + R_3) + R_2 R_3}$$

（ⅱ）$E_1 = 0$, $E_2 \neq 0$ のとき，解図 1.3 から

$$I_2 = \frac{E_2}{R_1 /\!/ R_2 + R_3} = \frac{(R_1 + R_2)E_2}{R_1 R_2 + (R_1 + R_2)R_3}$$

（ⅰ），（ⅱ）より

$$I = I_1 + I_2 = \frac{R_2 E_1 + (R_1 + R_2)E_2}{R_1 R_2 + R_2 R_3 + R_3 R_1}$$

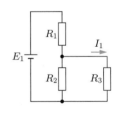

解図 1.2

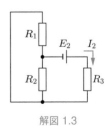

解図 1.3

1.9 図 1.38 は図 1.37 と同じだから，演習問題 1.8 の結果を使って端子 a，b 間の開放電圧 E_0 を求めると，つぎのようになる．

$$E_0 = R_3 I = \frac{R_3 R_2 E_1 + (R_1 + R_2) R_3 E_2}{R_1 R_2 + R_2 R_3 + R_3 R_1}$$

また，端子 a，b から内部電源を 0 としたときの合成インピーダンス R は解図 1.4 より

$$R = R_1 /\!/ R_2 /\!/ R_3$$

となる．よって，E_0，R を使って解図 1.5 のように簡略化できる．

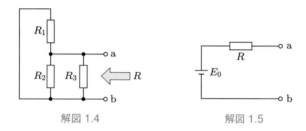

解図 1.4　　　　　　　　　　解図 1.5

1.10 線形：（a），非線形：（b），（c），（d），（e），（f）

補足：（b）は，傾きが一定（直線）であるため電圧・電流の変化分（交流成分）に限定すれば，線形と考えることができる．（f）も，傾き一定の範囲（区分線内）に限定すれば同様の考えが可能．これらの考えを適用することで条件付きで線形の扱いができる（考え方の詳細は 3 章参照）．

1.11 （a）直流に対しては

に見える．

交流に対しては

に見える．

（b）直流に対しては

となり，a，b 間の電圧は
そのまま c，d 間に現れる．

交流に対しては

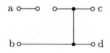

となり，a，b 間の電圧は
c，d 間に現れず 0 となる．

1.12 （a）34 dB，（b）46 dB，（c）80 dB

1.13 $20 \log_{10} \dfrac{V_0}{V_i} = 20 \log_{10}(A_{v1} A_{v2} A_{v3}) = 10 + 40 + 3 = 53\,\text{dB}$

● **2章**

2.1 n形半導体はシリコンにV族の不純物を微量混ぜて作った結晶で，キャリアが自由電子である．一方，p形半導体はシリコンにIII族の不純物を微量混ぜて作った結晶で，電子の抜け穴であるホールがキャリアとなる．

2.2 トランジスタはベース層（p形）が非常に薄く作られているため，ベース-エミッタ間の順バイアスによってエミッタ側（n形）からベース層へ侵入した自由電子は，拡散によってその大半がコレクタ領域に侵入する．コレクタ領域は逆バイアスされているが，拡散によって侵入した自由電子にとってはキャリアを流す方向に働く．これを電流で考えると，ベースにわずかな電流を流すと，大きなコレクタ電流が流れ，その大きさはベース電流によって変わる．これがトランジスタの電流増幅作用である．

2.3 たとえば，図2.25の $I_B = 0.4\,\mathrm{mA}$ に対して能動領域ではおよそ $I_C = 20\,\mathrm{mA}$ であるから，$\beta = I_C/I_B = 20/0.4 = 50$ となる．
確認のためほかのベース電流についても調べると，$I_B = 0.2\,\mathrm{mA}$ に対しておよそ $I_C = 10\,\mathrm{mA}$ であり，こちらも $\beta = 50$ 程度となって先の値と一致する．

2.4 バイポーラトランジスタはベース電流に比例した大きなコレクタ電流を流すのに対して，MOSFETではゲート-ソース電圧のほぼ2乗に比例したドレイン電流を流す．いずれも可変電流源の性質をもつが，その制御に電流が使われるか，電圧が使われるかが大きく異なる．

2.5 **2個直列接続の場合**：この場合，ダイオードの電流は等しいので，解図2.1のようにそれにかかる電圧も等しい．仮に電流 $I_D = I_{D0}$ を流したときのダイオード1個の電圧を V_{D0} とすれば，$V_D = 2V_{D0}$ となる．よって，V_D'–I_D 特性は，解図2.2に示すように電圧が図2.26（a）の2倍となる．

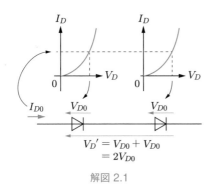

解図2.1

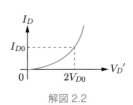

解図2.2

2個並列接続の場合：この場合，ダイオード電圧は等しいので，それぞれに流れる電流も解図 2.3 のように等しい．仮にダイオード電圧が $V_D = V_{D0}$ のとき $I_D = I_{D0}$ とすれば，${I_D}' = 2I_{D0}$ となる．この結果，V_D–${I_D}'$ 特性は，解図 2.4 に示すように電流が図 2.26（a）の 2 倍となる．

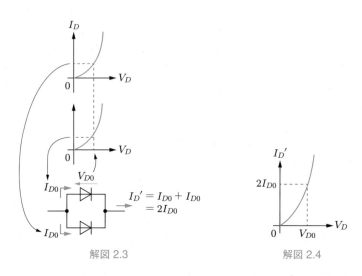

解図 2.3

解図 2.4

2.6 ゲート電流は JFET の構造上ほとんど流れないので，$I_D = I_S$ と考えることができる．よって，図 2.27（a）の回路から

$$V_{GS} = -RI_S = -RI_D$$

となる．これから

$$I_D = -\frac{1}{R}V_{GS}$$

となるので，これを図 2.27（b）の平面に描くと解図 2.5 となる．この直線と JFET 特性を同時に満たす交点 (V_{GS0}, I_{D0}) が求める値となる．

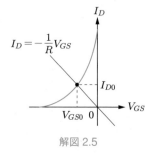

解図 2.5

● **3章** ───────────────────────

3.1 図 3.7（a）より

$$V_{DC} = RI_D + V_D, \quad I_D = -\frac{1}{R}(V_D - V_{DC})$$

となる．これを図 3.7（b）の平面に描くと解図 3.1 となり，交点 (V_{DQ}, I_{DQ}) が得られる．この点をそれぞれ I_D 軸，V_D 軸に投影すると，V_D，I_D が求められる．

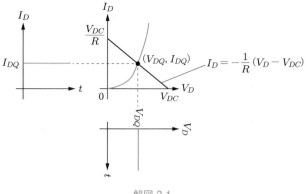

解図 3.1

3.2 $V_{DC} > V_F$ だから図 3.7（a）は解図 3.2 となる.
これから

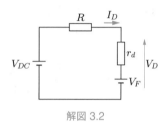

$$I_D = \frac{V_{DC} - V_F}{R + r_d}$$

$$V_D = r_d I_D + V_F = \frac{r_d V_{DC} + R V_F}{R + r_d}$$

となる.

解図 3.2

3.3 $V_{DC} \gg \Delta E$ だから，直流成分に対して変動成分は十分小さいと考えられる. よって，ダイオードの小信号等価抵抗を r_d とおけば，図 3.9 の小信号等価回路は解図 3.3 となる. この図から

$$\Delta V_D = \frac{R_2 /\!/ r_d}{R_1 + R_2 /\!/ r_d} e_{ac}$$

$$= \frac{R_2 r_d \Delta E \sin \omega t}{R_1 (R_2 + r_d) + R_2 r_d}$$

$$\Delta I_D = \frac{\Delta V_D}{r_d}$$

$$= \frac{R_2 \Delta E \sin \omega t}{R_1 (R_2 + r_d) + R_2 r_d}$$

解図 3.3

3.4 式 (3.10) より
（a）$25\,\Omega$,　（b）$12.5\,\Omega$,　（c）$5\,\Omega$,　（d）$2.5\,\Omega$

● **4 章**

4.1 （a），（b）それぞれ解図 4.1 のようになる.

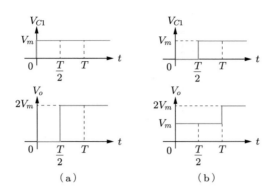

(a)   (b)

解図 4.1

4.2 抵抗 R_L を無視して考えると，下の四つの等価回路に分けることができる．

（ i ） $0 < t < T/4$ のとき   （ ii ） $T/4 < t < T/2$ のとき

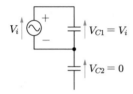

（iii） $T/2 < t < (3/4)T$ のとき   （iv） $(3/4)T < t < T$ のとき

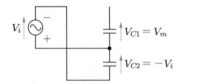

したがって，（ i ）〜（iv）の結果をつなぎ合わせると，解図 4.2 の波形が得られる．

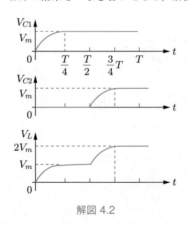

解図 4.2

4.3（a）半波整流回路だから，解図 4.3（a）のようになる.

（b）～（d）はすべてダイオードの位置が違うだけでまったく同じ回路である．この場合，二つのダイオードの向きが相反するので，e_{ac} の極性に関係なく電流は 0 となる．よって $V_L = 0$ であり，解図 4.3（b）のようになる.

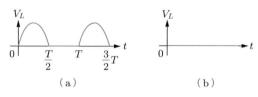

解図 4.3

4.4（a）電圧信号の最大値，または最小値を制限する回路.

（b）電圧信号の最大値と最小値を同時に制限する回路.

（c）リミット回路において最大値と最小値を小さく設定し，電圧信号を薄く切り取る（スライスする）回路.

（d）電圧信号に直流成分を加える回路.

4.5（a）図 4.16 は最小値を V_r に制限するので，解図 4.4（A）の波形となる.

（b）ダイオードを逆向きにすると，最大値を V_r に制限するので，図（B）となる.

（c）V_r を逆向きにすると最小値が $-V_r$ となるので，図（C）の波形となる.

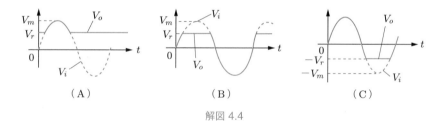

解図 4.4

4.6 V_i を理想電圧源とし，図 4.16（b）の出力に R_L を接続すると，解図 4.5（A）となる．仮に，D がオフであるとすると，図（B）の回路となり，これから

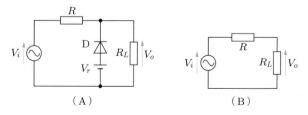

解図 4.5

$$V_o = \frac{R_L}{R + R_L} V_i$$

となる. ここで, D がオンになるのは $V_o < V_r$ の場合, すなわち

$$V_o = \frac{R_L}{R + R_L} V_i < V_r$$

$$V_i < \left(\frac{R + R_L}{R_L} \right) V_r \tag{E4.1}$$

のときであり, $V_o = V_r$ となる. 入力が式 (E4.1) を満足しない場合, D はオフになる. 以上をまとめると,

（ｉ） $V_i < \left(\dfrac{R + R_L}{R_L} \right) V_r$ のとき　$V_o = V_r$

（ｉｉ） $V_i > \left(\dfrac{R + R_L}{R_L} \right) V_r$ のとき　$V_o = \dfrac{R_L}{R + R_L} V_i$

となり, R_L によって入力電圧の切り替え条件が変化し, かつ入力信号が減衰して出力される.

● 5章

5.1 図 5.23 はテブナンの定理を使って, 解図 5.1 の回路で表すことができる. ただし,

$$V_{BB} = \frac{R_1}{R_1 + R_2} V_{CC}$$

$$R_b = R_1 /\!/ R_2 = \frac{R_1 R_2}{R_1 + R_2}$$

である.

解図 5.1

5.2 （ａ）直流負荷直線および交流負荷直線はそれぞれ式 (5.9), (5.12) で表される. これらを図示すると, 図 5.9（ａ）となる.

（ｂ）無歪み最大振幅を得るには動作点が交流負荷直線の中心となればよい. これは, 動作点を (V_{CEQ}, I_{CQ}) とおけば, 式 (5.12) において

$$V_{CE} = 0 \text{ のとき}　I_C = 2I_{CQ}$$

または

$$I_C = 0 \text{ のとき}　V_{CE} = 2V_{CEQ}$$

となる. よって, この条件を式 (5.12) に代入すると, つぎのようになる.

$$I_{CQ} = \frac{V_{CEQ}}{R_C /\!/ R_L} \tag{E5.1}$$

また，動作点は直流負荷直線上の点でもあるから，(V_{CEQ}, I_{CQ}) を式 (5.9) に代入すると，

$$V_{CC} = (R_C + R_E)I_{CQ} + V_{CEQ} \tag{E5.2}$$

となる．よって，式 (E5.1)，(E5.2) より

$$V_{CEQ} = \frac{V_{CC}}{1 + \dfrac{R_C + R_E}{R_C /\!/ R_L}}, \quad I_{CQ} = \frac{V_{CC}}{R_C /\!/ R_L + R_C + R_E}$$

となる．

5.3 式 (5.14) の近似式を使うと，$I_C \simeq V_{BB}/R_E$ から

$$V_{BB} = R_E I_C = 0.5\,\mathrm{k\Omega} \times 10\,\mathrm{mA} = 5\,\mathrm{V}$$

となる．近似しない場合は式 (5.14)，すなわち

$$I_C = \frac{V_{BB} - V_{BE}}{\dfrac{R_b + R_E}{\beta} + R_E}$$

を使って

$$V_{BB} = \left(\frac{R_b + R_E}{\beta} + R_E \right) I_C + V_{BE}$$

となるので，これから

$$V_{BB} = \left(\frac{2 + 0.5}{100} + 0.5 \right) \times 10 + 0.7 = 5.95\,\mathrm{V}$$

と求められる．

5.4 式 (5.7) の $V_{BB} = \dfrac{R_1}{R_1 + R_2} V_{CC}$ より，$1 + \dfrac{R_2}{R_1} = \dfrac{V_{CC}}{V_{BB}}$，$\dfrac{R_2}{R_1} = \dfrac{V_{CC}}{V_{BB}} - 1$ となる．これに $V_{BB} = 5$，$V_{CC} = 12$ を代入すると，

$$\frac{R_2}{R_1} = \frac{12}{5} - 1 = 1.4$$

となる．ここで，たとえば $R_1 = 1\,\mathrm{k\Omega}$ を選べば

$$R_2 = 1.4\,\mathrm{k\Omega}$$

となる．

5.5 図 5.24 においてベース‐エミッタ側回路の回路方程式を立てると，

$$V_{BB} = R_b I_B + V_{BE} + R_E I_E = \left(\frac{R_b + R_E}{\beta} + R_E \right) I_C + V_{BE}$$

$$I_C = \frac{V_{BB} - V_{BE}}{\dfrac{R_b + R_E}{\beta} + R_E}$$

となる．ここで $R_b = 2\,\mathrm{k\Omega}$, $V_{BB} = 5\,\mathrm{V}$, $V_{BE} = 0.7\,\mathrm{V}$ を代入すると，

$$I_C = \frac{5 - 0.7}{\dfrac{2 + R_E}{\beta} + R_E} = \frac{4.3}{\dfrac{2 + R_E}{\beta} + R_E} \tag{E5.3}$$

となる．

（a）$R_E = 0.01\,\mathrm{k\Omega}$ を式 (E5.3) に代入すると

$$I_C = \frac{4.3}{\dfrac{2.01}{\beta} + 0.01}\ [\mathrm{mA}]$$

となる．よって

$$\beta = 50 \text{ のとき}\quad I_C = \frac{4.3}{\dfrac{2.01}{50} + 0.01} = 85.7\ [\mathrm{mA}]$$

$$\beta = 200 \text{ のとき}\quad I_C = \frac{4.3}{\dfrac{2.01}{200} + 0.01} = 214\ [\mathrm{mA}]$$

となり，I_C の範囲は $85.7\,\mathrm{mA} \sim 214\,\mathrm{mA}$ となる．

（b）$R_E = 0.2\,\mathrm{k\Omega}$ の場合についても（a）と同様に計算すると，

$$\beta = 50 \text{ のとき}\quad I_C = \frac{4.3}{\dfrac{2.2}{50} + 0.2} = 17.6\ [\mathrm{mA}]$$

$$\beta = 200 \text{ のとき}\quad I_C = \frac{4.3}{\dfrac{2.2}{200} + 0.2} = 20.4\ [\mathrm{mA}]$$

となる．よって，I_C の変動範囲は $17.6\,\mathrm{mA} \sim 20.4\,\mathrm{mA}$ となる．

5.6 図 5.25 を描き直すと，解図 5.2 となる．

これから回路方程式を立てると，

$$\begin{aligned}
V_{CC} &= R_C(I_B + I_C) + R_b I_B + V_{BE} + R_E I_E \\
&= (R_b + R_C + R_E)I_B + V_{BE} \\
&\quad + (R_C + R_E)I_C \\
&= V_{BE} \\
&\quad + \left(\frac{R_b + R_C + R_E}{\beta} + R_C + R_E\right)I_C
\end{aligned}$$

となる．したがって

$$I_C = \frac{V_{CC} - V_{BE}}{\dfrac{R_b + R_C + R_E}{\beta} + R_C + R_E}$$

となる．この式を V_{BE} で偏微分すると，つぎのようになる．

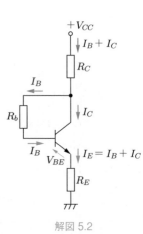

解図 5.2

$$S_V = \frac{\partial I_C}{\partial V_{BE}} = \frac{-1}{\dfrac{R_b + R_C + R_E}{\beta} + R_C + R_E} \simeq \frac{-1}{R_C + R_E}$$

● 6章

6.1 h_i, h_f の測定回路は $V_o = 0$ より解図 6.1 となる．
これより

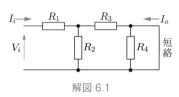

解図 6.1

$$h_i = \left.\frac{V_i}{I_i}\right|_{V_o=0} = R_1 + R_2 /\!/ R_3$$

$$h_f = \left.\frac{I_o}{I_i}\right|_{V_o=0} = -\frac{R_2}{R_2 + R_3}$$

となる．h_r, h_0 の測定回路は $I_i = 0$ より解図 6.2
となる．これより

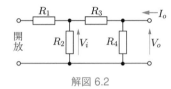

解図 6.2

$$h_r = \left.\frac{V_i}{V_o}\right|_{I_i=0} = \frac{R_2}{R_2 + R_3}$$

$$h_o = \left.\frac{I_o}{V_o}\right|_{I_i=0} = \frac{1}{(R_2 + R_3) /\!/ R_4}$$

となる．

6.2 トランジスタは非線形素子であるが，バイアス電流近傍の狭い範囲に限定して考えると
線形近似することができる．すなわち，小信号に対しては線形回路として扱うことが可
能であり，よって，h パラメータを使った等価回路が適用できる．

6.3 大容量コンデンサは交流に対してインピーダンスが非常に小さく，短絡と考えることが
できる．よって，トランジスタのコレクタ–エミッタ間に解図 6.3 のように大容量コン
デンサを接続すれば，バイアスに影響を与えることなく $V_{ce} = 0$ を実現することがで
きる．

　一方，$I_b = 0$ としたい場合は，解図 6.4 のようにベース端子にインダクタを接続す
る．インダクタンスが大きいと交流に対してインピーダンスが非常に大きくなり，開放
と考えることができる．直流に対しては短絡とみなすことができるので，バイアスに影
響を与えない．

解図 6.3　　　　　　　　　　　解図 6.4

6.4 図 6.9 の小信号等価回路より

$$\frac{V_L}{V_S} = \frac{V_i}{V_S} \cdot \frac{V_L}{V_i} = \frac{V_i}{V_S} A_V$$

となる．ここで，$V_i = \dfrac{R_b /\!/ h_{ie}}{R_S + R_b /\!/ h_{ie}} V_S$ である．また，A_V に式 (6.14) を用いると，

$$\frac{V_L}{V_S} = \frac{R_b /\!/ h_{ie}}{R_S + R_b /\!/ h_{ie}} \left(-\frac{h_{fe}}{h_{ie}} \cdot \frac{R_C R_L}{R_C + R_L} \right)$$

となる．ここで，$R_b \gg h_{ie},\ R_C \gg R_L$ ならば

$$\frac{V_L}{V_S} \simeq \frac{h_{ie}}{R_S + h_{ie}} \left(-\frac{h_{fe}}{h_{ie}} \right) \cdot R_L = -\frac{h_{fe}}{R_S + h_{ie}} R_L$$

である．

● 7章

7.1 入力インピーダンス R_i が無限大，出力インピーダンス R_o がゼロ，電圧利得 A が周波数によらず無限大であること．

7.2 演算増幅器に負帰還を施すと，反転端子と非反転端子の電位差がゼロとなる．ここで，非反転端子をグランドに接地すると，反転端子は接地してないにもかかわらず電位がゼロとなる．この現象を仮想接地という．

7.3 演算増幅器に負帰還を施した状態で反転端子と非反転端子の電位が等しくなるには，利得が非常に大きくなければならない．この条件を満足すれば，演算増幅器と外部回路素子で構成する増幅器の利得が外部素子によって容易に定まり，演算増幅器の汎用性が増す．

7.4 （a）図 7.14 の回路にあてはめると，

$$Z_i = R_i, \quad Z_f = R_f + \frac{1}{j\omega C}$$

となる．これらを式 (7.35) に代入すると，

$$A_V = -\frac{Z_f}{Z_i} = -\frac{R_f + \dfrac{1}{j\omega C}}{R_i} = -A_m \left(1 - j\,\frac{\omega_C}{\omega} \right) \tag{E7.1}$$

となる．ただし，$A_m = R_f/R_i,\ \omega_C = 1/CR_f$ である．

式 (E7.1) より

$$|A_V| = A_m \sqrt{1 + \left(\frac{\omega_C}{\omega} \right)^2}$$

である．この周波数特性を描くと解図 7.1 となる．

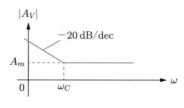

解図 7.1

（b）$Z_i = R_i + \dfrac{1}{j\omega C}$，$Z_f = R_f$ である．これらを式 (7.35) に代入すると，

$$A_V = -\frac{R_f}{R_i + \dfrac{1}{j\omega C}} = -A_m \frac{1}{1 - j\dfrac{\omega_C}{\omega}} \tag{E7.2}$$

となる．ただし，$A_m = R_f/R_i$，$\omega_C = 1/CR_i$ である．

式 (E7.2) より

$$|A_V| = A_m \frac{1}{\sqrt{1 + \left(\dfrac{\omega_C}{\omega}\right)^2}}$$

である．この周波数特性を描くと解図 7.2 となる．

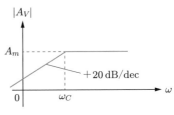

解図 7.2

7.5 各スイッチの状態を

$$S_i = 0 \quad \text{または} \quad 1 \quad (i = 0\sim3)$$

とし，点 a について回路方程式を立てると，

$$\frac{S_3 V_{ref}}{R/8} + \frac{S_2 V_{ref}}{R/4} + \frac{S_1 V_{ref}}{R/2} + \frac{S_0 V_{ref}}{R} + \frac{V_o}{R_f} = 0$$

となる．これより

$$V_o = -\frac{R_f}{R} V_{ref}(8S_3 + 4S_2 + 2S_1 + S_0)$$
$$= -\frac{R_f}{R} V_{ref}\underbrace{\left(S_3 \times 2^3 + S_2 \times 2^2 + S_1 \times 2^1 + S_0 \times 2^0\right)}_{\text{2 進数 4 桁の 10 進変換}}$$

となる．したがって，出力 V_o は 2 進数 $S_3 S_2 S_1 S_0$ を 10 進変換し，$-(R_f/R)V_{ref}$ 倍した値となる．

● **8 章** ────────────────────────────────

8.1 解図 8.1 のようになる．

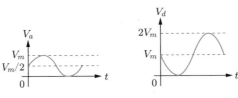

解図 8.1

8.2 解図 8.2 のようになる.

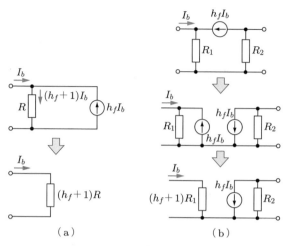

解図 8.2

8.3 図 8.18 より, $V_1 = V_i$, $V_2 = 0$ として, 式 (8.3), (8.4) に代入すると, $V_a = V_i/2$, $V_d = -V_i$ となる. これを式 (8.18) に代入すれば

$$V_o = V_{o2} = -A_a V_a - A_d V_d = -A_a \left(\frac{V_i}{2}\right) - A_d(-Vi) = \left(A_d - \frac{A_a}{2}\right) V_i$$

となる. ただし, A_d, A_a はそれぞれ式 (8.16), (8.17) である.

8.4 (a) 図から, $V_{BE}' = V_{BE} + V_{BE} = 2V_{BE}$

(b) $h_f = \dfrac{I_c}{I_{b1}} = \dfrac{I_{c1} + I_{c2}}{I_{b1}} = \dfrac{I_{c1}}{I_{b1}} + \dfrac{I_{c2}}{I_{b1}}$

$\quad = h_{fe} + \dfrac{I_{e1}}{I_{b1}} \cdot \dfrac{I_{b2}}{I_{e1}} \cdot \dfrac{I_{c2}}{I_{b2}} = h_{fe} + (h_{fe} + 1) \cdot 1 \cdot h_{fe} = h_{fe}(h_{fe} + 2) \simeq (h_{fe})^2$

(c) ベース - エミッタ側等価回路は解図 8.3 のように変換できる. これから

$$h_i = \frac{V_{be}'}{I_{b1}} = h_{ie} + (h_{fe} + 1)h_{ie}' = h_{ie} + (h_{fe} + 1) \cdot \frac{h_{ie}}{h_{fe} + 1} = 2h_{ie}$$

となる. ただし, h_{ie}, h_{ie}' はそれぞれトランジスタ Tr_1, Tr_2 の入力抵抗である.

8.5 式 (8.31) より, $J = \dfrac{V_i - V_o}{R}$ である. これに値を代入すると, $J = \dfrac{0.7}{70} = 10$ [mA] となる.

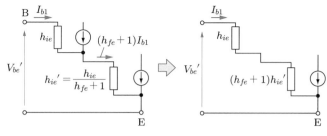

解図 8.3

● 9章 ─────────────────────────────────────

9.1 （a）GHK

（b）図 9.17 より $(V_i + HKV_o)G = V_o$ である.

これより, $\dfrac{V_o}{V_i} = \dfrac{G}{1 - GHK}$ となる.

9.2 発振器のオープンループ利得を G とすると, 発振するためには, 周波数条件 $\mathrm{Im}(G) = 0$ であり, かつ, 振幅条件 $\mathrm{Re}(G) > 1$ であることが必要である.

周波数条件は, 信号が一巡して同相で戻る周波数を意味する.

振幅条件は, 一巡して同相で戻る信号が増幅されなければ信号が成長しないことを意味する.

9.3 式 (9.12) の周波数条件より発振周波数は

$$f = \frac{1}{2\pi\sqrt{(1 \times 10^{-6})^2 \times (1 \times 10^3)^2}} = 159\ [\mathrm{Hz}]$$

となる.

また, 振幅条件は, 式 (9.13) の左辺を式 (9.8) を使って求めると,

$$\frac{1 + \dfrac{1 \times 10^3}{1 \times 10^3}}{1 + \dfrac{1 \times 10^{-6}}{1 \times 10^{-6}} + \dfrac{1 \times 10^3}{1 \times 10^3}} = \frac{2}{3}$$

となり, 条件を満たさない. よって, このままでは発振しない.

ここで, 発振するためには, $A_m = \left(1 + \dfrac{R_f}{R_i}\right) > 3$ である必要があり, これから $R_f > 2R_i = 2\,\mathrm{k\Omega}$ でなければならない.

9.4 式 (9.34) の発振条件より, $f = \dfrac{1}{2\pi}\sqrt{\dfrac{C + C}{L \cdot C \cdot C}} = \dfrac{1}{\sqrt{2}\,\pi\sqrt{LC}}$ となる. したがって, $LC = \dfrac{1}{2\pi^2 f^2}$ である.

ここでたとえば, $L = 10\,\mathrm{\mu H}$ とすれば

$$C = \frac{1}{2\pi^2 f^2 L} = \frac{1}{2\pi^2 \times (100 \times 10^3)^2 \times 10 \times 10^{-6}} = 0.51\ [\mathrm{\mu F}]$$

となる. また, 振幅条件は式 (9.35) より $h_{fe} > C_3/C_1 = 1$ となるので十分満足している.

9.5 式 (9.37) より

$$f = \frac{1}{2\pi\sqrt{(L_1 + L_3)C}} = \frac{1}{2\pi\sqrt{2 \times 10^{-6} \times 10 \times 10^{-9}}} = 1.1\,[\text{MHz}]$$

9.6 図 9.16 において水晶振動子は L として機能しなければ発振しない. したがって, 図 9.15 の $f_s \sim f_p$ の範囲で発振する.

f_s, f_p は式 (9.39) に値を代入すると

$$f_s = \frac{1}{2\pi\sqrt{L_0 C_0}} = 4.09\,[\text{MHz}]$$

$$f_p = \frac{1}{2\pi\sqrt{L_0 C_0}}\sqrt{1 + \frac{C_0}{C_1}} = 4.28\,[\text{MHz}]$$

となる. したがって, 発振回路の内部パラメータが変化しても, 4.09 MHz〜4.28 MHz の範囲で発振を維持することができる.

● 10 章

10.1 （a）AM は amplitude modulation の略. 搬送波の振幅を変調波の振幅に比例して変化させる変調方式.

（b）FM は frequency modulation の略. 搬送波の周波数を変調波の振幅に比例して変化させる変調方式.

（c）PM は phase modulation の略. 搬送波の位相を変調波の振幅に比例して変化させる変調方式.

10.2 題意より, 変調波の振幅は $V_m = 0.5\,\text{V}$, 搬送波の振幅は $V_c = 4.5\,\text{V}$ であるので, 式 (10.4) より $m = 0.5/4.5 = 0.11$ となる.

10.3 SSB は single side band の略で, 振幅変調した際にできる搬送波スペクトルの両側波帯のうち, 上側波帯または下側波帯の一方のみを伝送する変調方式. 占有帯域幅が狭く, 送信電力が少ないのが特徴である.

10.4 変調波を式 (10.1), 被変調波を式 (10.3) として被変調波の 2 乗を計算すると

$$v_{am}{}^2 = \left\{(V_c + V_m \cos\omega_m t)\cos\omega_c t\right\}^2$$
$$= V_c{}^2\left(\frac{1}{2} + \frac{m^2}{4} + m\cos\omega_m t + \frac{m^2}{4}\cos 2\omega_m t\right)(1 + \cos 2\omega_c t)$$

が得られる. この信号から LPF を使って ω_m より高い周波成分を除去し, さらに直流を取り除けば, 変調信号に比例した信号を抽出することができる.

10.5 式 (10.25) に値を代入すると, $C_{eq} = 3.2 \times 10^{-4} I_B\,[\text{F}]$ となる. これより

$I_B = 5\,\mu\text{A}$ のとき, $C_{eq} = 16\,\text{nF}$,

$$I_B = 10\,\mu\text{A} \text{ のとき, } C_{eq} = 32\,\text{nF}$$

である．よって，等価容量は $16\,\text{nF}\sim32\,\text{nF}$ の範囲で変化する．

10.6 変調信号を微分した後，周波数変調する．

● 11 章

11.1 （a）負荷と直列に可変抵抗を接続し，入力電圧変動に応じて抵抗値を調整することで，負荷電圧を一定に保つ．

（b）負荷と並列に可変抵抗を接続し，入力電圧変動に応じて可変抵抗に流れる電流を調整することで，負荷電圧を一定に保つ．

（c）半導体スイッチのオン，オフの割合を調整することで，入力から負荷へ伝達される電力量を調整し，負荷電圧の安定化をはかる．

11.2 連続制御方式

（長所）制御が常に連続して行われるので出力精度が高い．

（短所）原理上，電力損失を伴うので電力変換効率が低い．

（短所）出力電圧は必ず入力電圧より低くなり，昇圧することができない．

スイッチング制御方式

（長所）原理上，抵抗が無いので電力損失が小さく，電力変換効率が高い．

（長所）スイッチング周波数の高周波化により，L, C 部品を小型化でき，小型軽量の電源ができる．

（長所）回路方式によっては電圧を昇圧することができる．

（短所）原理上，スイッチングノイズ（リプル）が現れるので出力精度が低い．

11.3 （a）たとえば，トランジスタの飽和領域と遮断領域を使って回路の導通，遮断を制御することができる．このように半導体素子を使ってスイッチの役割を果たすものを半導体スイッチという．機械スイッチに比べて高速動作が可能で寿命も長い．

（b）半導体スイッチの繰り返し周期 T とオン期間 T_{ON} の割合を**時比率**（$D = T_{ON}/T$）という．スイッチング電源は時比率の割合を変えて出力電圧を調整する．

（c）pulse width modulation の略．パルス幅変調ともいう．あるアナログ信号からその値に応じたパルス幅をもつ矩形波を生成する．スイッチング電源の時比率制御によく使われる．

11.4 式 (11.6) に $V_Z = 2.3\,\text{V}$, $V_{BE} = 0.7\,\text{V}$, $V_o = 5\,\text{V}$ を代入して整理すると，$R_1/R_2 = 0.67$ となる．ここで，たとえば $R_2 = 1\,\text{k}\Omega$ とすれば，$R_1 = 0.67\,\text{k}\Omega$ となる．

11.5 式 (11.12) に $V_i = 12\,\text{V}$, $V_o = 3\,\text{V}$ を代入すると，$D = 3/12 = 0.25$ となる．

11.6 式 (11.16) に $V_i = 6\,\text{V}$, $V_o = 30\,\text{V}$ を代入すると，$30/6 = 1/(1-D)$ となり，$D = 0.8$ となる．

索 引

著者略歴

二宮 保（にのみや・たもつ）
1969 年 九州大学大学院工学研究科電子工学専攻修士課程修了
九州大学助手，講師，助教授を経て
1988 年 九州大学工学部教授
2000 年 九州大学大学院システム情報科学研究院教授
2005 年 九州大学大学院システム情報科学研究院副研究院長
2008 年 九州大学定年退職
2008 年 九州大学名誉教授
現在に至る．工学博士

小浜 輝彦（こはま・てるひこ）
1990 年 九州大学大学院工学研究科電子工学専攻修士課程修了
九州工業大学，九州大学助手を経て
1999 年 福岡大学工学部電気工学科講師
2001 年 福岡大学工学部電気工学科助教授
2007 年 福岡大学工学部電気工学科准教授
2021 年 福岡大学工学部電気工学科教授
現在に至る．博士（工学）

編集担当　村瀬健太（森北出版）
編集責任　上村紗帆（森北出版）
組　版　プレイン
印　刷　丸井工文社
製　本　同

学びやすいアナログ電子回路（第 2 版）
　　　　　　　　　　　　　　　　　ⓒ 二宮 保・小浜輝彦 2021

2014 年 8 月 28 日　第 1 版第 1 刷発行　　【本書の無断転載を禁ず】
2020 年 2 月 20 日　第 1 版第 5 刷発行
2021 年 11 月 12 日　第 2 版第 1 刷発行
2023 年 2 月 10 日　第 2 版第 2 刷発行

著　　者　二宮 保・小浜輝彦
発 行 者　森北博巳
発 行 所　森北出版株式会社
　　　　　東京都千代田区富士見 1-4-11（〒102-0071）
　　　　　電話 03-3265-8341 ／ FAX 03-3264-8709
　　　　　https://www.morikita.co.jp/
　　　　　日本書籍出版協会・自然科学書協会　会員
　　　　　JCOPY ＜（一社）出版者著作権管理機構 委託出版物＞
落丁・乱丁本はお取替えいたします．

Printed in Japan ／ ISBN978-4-627-71202-7